GUIDE
DU
BOTANISTE
SUR
LE GRAND ST-BERNARD

PAR

M. P.-G. TISSIÈRE

Rd Chanoine du Grand St-Bernard, Président de la Société Murithienne du Valais, Membre de la Société helvétique des Sciences naturelles, Curé de Sembrancher.

Suivi des

BULLETINS DES TRAVAUX

DE LA

SOCIÉTÉ MURITHIENNE

AIGLE
IMPRIMERIE DULEX-ANSERMOZ

1868

Lith. Muller, Vevey

GUIDE

DU

BOTANISTE

SUR

LE GRAND S^{T}-BERNARD

PAR

M. P.-G. TISSIÈRE

R^{d} Chanoine du Grand St-Bernard, Président de la Société Murithienne du Valais, Membre de la Société helvétique des Sciences naturelles, Curé de Sembrancher.

AIGLE
IMPRIMERIE DULEX-ANSERMOZ

1868

NOTICE BIOGRAPHIQUE

sur

Monsieur le R[d] Chanoine TISSIÈRE,

Curé à Sembrancher.

Pierre-Germain Tissière, fils de Germain et de Marguerite née Formaz, nâquit le 25 février 1828, aux Arlaches, hameau du vallon d'Issert, commune d'Orsières, district d'Entremont en Valais.

Ses parents, honnêtes et pieux laboureurs, regardaient comme le plus précieux des patrimoines, les mœurs simples et patriarcales qui distinguent généralement le brave paysan de l'Entremont.

Elevé dès l'enfance dans une atmosphère de piété où tout respirait l'amour de Dieu et du prochain, le jeune Germain n'eut point de peine à leur consacrer sa vie tout entière; aussi dès l'âge le plus tendre manifesta-t-il en toute occasion un penchant décidé pour la vocation religieuse. Il fit avec distinction ses études classiques au Val d'Illiez, chez un vénérable ecclésiastique, ami de la jeunesse studieuse, le R^{d} M. Biselx, alors vicaire, aujourd'hui Prieur du Val d'Illiez.

Le jeune Tissière se présenta en septembre 1843 au Noviciat du Grand St-Bernard; accueilli avec bonheur il fut l'année suivante admis à la profession religieuse : il prononça au Mont-Joux ses vœux solennels et s'attacha ainsi invariablement à cette célèbre maison hospitalière dont il devint l'un des ornements. Ses études théologiques terminées, il reçut, le 18 septembre 1852 l'onction sacerdotale par le R^{me} Evêque de Sion.

Digne continuateur de plusieurs savants confrères, ses illustres devanciers, comme eux il se livra avec ardeur principalement à l'étude de la Botanique, science pour laquelle messieurs les RR. Chanoines du Grand St-Bernard ont en général une singulière prédilection et une aptitude héréditaire ; cette branche de l'Histoire naturelle a pour eux en effet des charmes et des attraits inconnus à d'autres; séparés qu'ils sont pour ainsi dire du monde entier, ensevelis pendant la plus grande partie de l'année dans une solitude pleine de majesté et de poésie, l'étude des sciences devient pour eux leur premier besoin comme leur unique délassement : aussi tous les loisirs laissés par les soins de l'hospitalité sont-ils consacrés à l'étude. Il est vrai que messieurs les Religieux du Grand St-Bernard possèdent le plus vaste et le plus attrayant Jardin Botanique du monde; Dieu, comme pour les dédommager de mille autres privations, y a semé avec profusion des plantes, des fleurs qu'on chercherait vainement ailleurs. C'est pourquoi, gardiens fidèles des dons de Dieu, les Religieux du Grand St-Bernard placent volontiers leur bonheur à cueillir d'une main habile la fleur alpestre tandis que de l'autre ils distribuent avec joie au voyageur indigent l'aumône quêtée par leur ardente charité.

Le cœur si impressionable du jeune Tissière, son goût inné pour l'étude lui valurent dès son entrée en religion, les encouragements de ses Supérieurs, l'amitié et l'admiration de tous ses pieux confrères. Bientôt ses connaissances en Botanique le mirent en relation avec les hommes les plus éminents de la Suisse et de l'étranger, notamment avec les Boissier, Reuter, docteur Lagger, Jean Muller; les Parlatore de Florence, les Passerini de Parme, les deux Notaris de Gènes, les Devaux de Paris et les Monniez de Louhans s'estimaient heureux de communiquer avec lui.

Malheureusement, M. le chanoine Tissière,

né avec une complexion délicate, fut obligé d'abandonner le Grand St-Bernard, son champ d'exploration, dès l'hiver de 1856. Il s'adonna alors à l'étude de la musique, art qu'il cultivait aussi avec bonheur, car comme tous les vrais savants, M. Tissière aimait tout ce qui peut orner le cœur et l'esprit : en fait de connaissances rien ne lui était étranger ou indifférent ; l'art de bien dire lui était familier ; les nombreux discours prononcés à chaque réunion de la Société Murithienne lui font le plus grand honneur ; son aptitude pour la prédication n'était pas moins remarquable que son talent pour la Botanique et la Musique.

Dans l'espoir qu'un climat plus doux réparerait sa santé délabrée, M. Tissière fut nommé en 1857 vicaire de Vouvry ; après la mort du regretté et vénéré M. le Prieur Darbellay, curé de cette importante paroisse, le R^{me} Prévôt du Grand St-Bernard y nomma curé, M. Tissière ; le 11 septembre il fut transféré, sur sa demande, de Vouvry à la desservance de la paroisse de Sembrancher où il a succombé le 1er juin 1868 à une longue et pénible maladie de poitrine.

Comme Botaniste nous devons à M. Tissière plusieurs découvertes intéressantes ; diverses plantes portent son nom ; entre autres le *Gentiana ramulosa* (Tissière), près de l'hospice du

Simplon; le diagnose de cette espèce nouvelle se trouve dans le Bulletin, page 27.

Le défunt a publié une notice biographique fort intéressante sur M. le Chanoine Murith, mort Prieur de Martigny. On peut dire que M. Tissière a été l'âme de la Société Murithienne dont il a été constamment le président. Il était aussi membre de la Société Halléréenne de Genève et faisait partie de la Société suisse des Sciences naturelles.

Comme musicien nous avons de lui quelques compositions estimées et qui dénotent un goût musical profond. On conserve religieusement au monastère plusieurs messes, dont l'une de *Requiem* chantée le jour de sa sépulture.

Afin de perpétuer l'estime et les regrets que laisse à ses nombreux amis la mort prématurée de leur Président, les membres de la Société Murithienne ont décidé d'éditer et de lui dédier son travail le plus soigné : le *Guide du Botaniste sur le Grand St-Bernard,* souvenir précieux pour tous ceux qui ont su apprécier les aimables qualités du cher défunt. R. I. P.

Aigle, le 2 août 1868.

Chanoine BECK, Desservant,
membre de la Société Murithienne.

PRÉFACE

Depuis que le progrès des temps a fait disparaître bien des difficultés qui s'opposaient aux libres communications dans les profondes vallées des Alpes et sur les croupes de nos cimes gigantesques, les voyageurs de plaisir affluent en Suisse comme à un rendez-vous aimanté.

Une foule de touristes aiment à venir au sein de nos montagnes, chercher l'éveil de mille sensations heureuses, et exercer l'activité de leur esprit en observant tantôt l'admirable combinaison de la création, tantôt les phénomènes divers qui se multiplient à chaque pas.

Si la Suisse jouit de la préférence des visiteurs, c'est qu'elle abonde en scènes pittoresques et en productions scientifiques, qu'on chercherait vainement ailleurs. Les accidents variés d'une nature gracieuse y excitent l'enthousiasme de l'artiste qui, à l'aide de son crayon, s'applique à en dérober les effets merveilleux. Chaque vallon s'offre au naturaliste comme une vaste galerie ouverte pour son plaisir, et si richement dotée des objets de son étude favorite qu'il peut, sans craindre de l'appauvrir, en soustraire mille belles choses propres à compléter et à enrichir ses collections. Partout des productions particulières et des merveilles sans cesse renaissantes attirent les regards et fixent l'attention du voyageur.

Les impressions deviennent bien plus vives, lorsque, ayant quitté le fond des vallées et s'étant engagé dans un sentier que décorent à l'envi les plus riants paysages, on arrive enfin au sommet d'une montagne, victorieux des fatigues et des difficultés de la route, on jouit délicieusement de voir ces masses énormes, ces cimes majestueuses, défiant la voûte azurée, devenir les trophées de son courage. Là, quiconque sait réfléchir se reconnaît à peine. L'âme, vice-reine de la création, séparée du tumulte du monde, s'épanche en nobles et sublimes émotions; elle ne peut assez s'applaudir du bonheur mystérieux qui la possède sans partage, et, oubliant qu'elle tient encore à la terre, elle se figure être pour ainsi dire, dans une nouvelle terre et sous de nouveaux cieux, en relation immédiate avec le Créateur.

De tous les points élevés où les voyageurs dirigent en Suisse leurs excursions, l'un des plus fréquentés est sans doute le Grand Saint-

Bernard. Les observations faites à l'hospice attestent que le nombre de ceux qui y reçoivent annuellement les secours de l'hospitalité varie de 18 à 20 mille. Parmi les vrais touristes, dont le nombre s'élève à 3 mille environ chaque année au Grand St-Bernard, il y en a beaucoup qui joignent au but commun des excursions dans les montagnes, celui de l'intérêt scientifique. Or, le Grand St-Bernard offre bien des choses intéressantes à ceux qui cultivent les sciences physiques et naturelles en général; mais c'est aux botanistes qu'il paraît réserver ses faveurs de choix; car, sous son ciel de fer et à proportion de son étendue, sa végétation ne cède en rien à celle des plus riches montagnes d'égale altitude.

C'est cette végétation qui est l'objet de ce travail. Mais avant d'énumérer les dons gracieux de Flore, dons que le Créateur a semés sur le désert du Grand St-Bernard, il n'est pas hors de propos pour la géographie botanique, de parler de certaines conditions physiques dans lesquelles ces végétaux doivent vivre.

Situation topographique et température du Grand St-Bernard.

L'hospice du Grand St-Bernard est situé au 45° 60' 16" de latitude, au sommet d'un col très-resserré par les pics de Chenalettaz et de Mont-Mort, formant un portique naturel pour la communication entre la vallée d'Entremont (Suisse) et celle d'Aoste (Piémont). Aux issues du col, les deux vallées formant les versants du Grand St-Bernard, s'élargissent et deviennent de plus en plus profondes à mesure que l'on descend. Sur le versant italien la pente est bien plus raide que sur le versant suisse; en deux heures de marche on descend facilement à St-Rémi, premier village de la vallée d'Aoste, à l'altitude de 1.638 mètres, tandis qu'il faut trois heures de marche pour descendre au Bourg de St-Pierre, premier village de la vallée d'Entremont, à la même altitude que St-Rémi.

Les croupes des pics qui avoisinent l'hospice sont généralement couvertes de neige pendant huit ou neuf mois de l'année. Près du monastère, on trouve même des champs ou lambeaux de neige que l'action du soleil d'été ne parvient à faire disparaître qu'à de rares époques et qui ne tardent jamais à s'y établir de nouveau avec la même obstination.

Ce qui contribue à rendre ce séjour extrêmement froid, dit de Saussure (*Voyage dans les Alpes,* tome II, chap. 42), c'est qu'il est situé dans une gorge percée à peu près du Nord-Est au Sud-Ouest, dans la direction générale de cette partie des Alpes, et par cela même dans celle des vents qui prennent toujours une direction parallèle à celle des grandes chaînes de montages. Aussi, au cœur même de l'été, la neige tombant à gros flocons et une température de quelques degrés au-dessous de la glace, font souvent oublier qu'on est dans les beaux mois de juillet et d'août.

Depuis l'année 1817 les religieux de l'hospice ont fait et font encore tous les jours des observations météorologiques qui sont publiées chaque mois dans la *Bibliothèque universelle de Genève.* D'un résumé de ces observations, dès 1836 à 1846, fait par M. le professeur Plantamour, il résulte que la température moyenne de l'hospice du Grand St-Bernard peut être déterminée comme suit :

Celle de l'année entière . . .	—	1°,26
Celle de l'hiver	—	8°,24
Celle de janvier, mois le plus froid de l'année, ...	—	9°,59
Celle du printemps, ...	—	2°,41
Celle de l'été	+	6°,08

Celle de juillet,	mois les plus chauds de l'année	+	6°,20
Celle d'août,			6°,44
Celle de l'automne,	. . . . .	+	0°,62
Pendant ces mêmes années le maximum a été de	. . . .	+	19°, 0
et le minimum de	. . . . . .	—	27°, 0

Ces moyennes de température, principalement celles du printemps et de l'été, peuvent donner une idée générale du climat dans lequel végètent les plantes du Grand St-Bernard. Je dis : *une idée générale,* car la différence d'altitude, d'exposition, etc., exerce sur le climat et par là sur la végétation une influence que personne n'ignore.

Altitude de l'hospice et des Cimes qui l'environnent. — Végétation de la montagne.

D'après les calculs de M. Plantamour, l'altitude de l'hospice du Grand St-Bernard est de 2.473 mètres au-dessus du niveau de la mer. Plusieurs pics très-élevés ceignent l'hospice et en limitent l'horizon. Ces pics sont : le Combin, alt. 4.397 mèt.; le Velan, alt. 3.752 mèt., le pic de Menouve, alt. 3.122 mèt.; la cime de Barasson, alt. 2.964 mèt.; le Mont-Mort, alt. 2.858 mèt.; le Pain de sucre, alt. 2.872 mèt.; les Roches polies, alt. 2.763 mèt.; la Pointe de Dronaz, alt. 2.927 mèt.; et la Chenalettaz, alt. 2.890 mèt.[1]

L'ascension du Combin offre, je crois, autant de difficultés que celle du Mont-Blanc. Ce qui est bien certain, c'est que sa cime orgueilleuse n'a pas été aussi souvent humiliée que celle du Mont-Blanc par le triomphe des amateurs d'ascensions; car très-peu de personnes encore ont réussi à atteindre sa sommité. Il n'en est pas de même du mont Velan; sa tête coiffée de glaces éternelles et protégée par des obstacles d'une certaine gravité, a déjà été foulée sous les pieds d'un certain nombre d'heureux visiteurs. Les ascensions du Combin et du Velan peuvent être fécondes en intérêts sous plusieurs rapports; mais elles sont complétement stériles en résultats botaniques. Audessus d'environ 2.900 mètres les flancs de ces montagnes n'offrent plus que de vastes glaciers et des roches d'abord tachetées de lichens et enfin absolument dénudées.

Par contre, aucune difficulté sérieuse n'empêche l'abord des autres pics qui peuvent tous être escaladés par les personnes habituées aux

[1] La plupart de ces altitudes et de celles indiquées dans ce catalogue ont été calculées et m'ont été bénévolement communiquées par M. Deléglise, Révérendissime prévôt du Grand St-Bernard.

excursions dans les régions qu'habitent les chamois. La vue de divers groupes d'énormes montagnes sillonnées de vallées dont on ne peut apercevoir la profondeur, et l'aspect d'une multitude de glaciers semés sur tout le panorama et couronnant tout un vaste horizon offrent, de la cime de chacun de ces pics, un spectacle vraiment grandiose et saisissant. En parcourant les flancs de ces sommités, l'œil du botaniste s'arrête avec plaisir tantôt sur les légères couches d'humus qn'émaillent mille fleurs aussi humbles qu'intéressantes et tantôt sur les fraîches pelouses qui contrastent agréablement avec les blocs détachés et les mille cailloux qui gisent çà et là sur toutes les pentes. Ces pelouses sont généralement formées par des représentants des cypéracées et des graminées, on trouve même des gazons d'une certaine étendue où les individus de ces deux familles exerçent un vrai monopole de végétation.

Pendant plusieurs années de mon séjour à l'hospice du Grand St-Bernard, j'ai profité de mes instants de loisir pour faire la collection des plantes vasculaires qui croissent naturellement sur cette montagne depuis la limite supérieure des forêts jusqu'à la limite extrême de la végétation alpine. J'ai aussi cueilli quelques espèces intéressantes que l'on rencontre aux bords de la route jusqu'au premier village sur chaque versant de la montagne. J'ai exploré la plupart des localités avec un soin tout particulier; mais, malgré mes recherches attentives, je ne doute point que plusieurs espèces n'aient échappé à mes investigations et qu'elles ne réservent une bien légitime satisfaction aux botanistes plus heureux qui les découvriront après moi.

Cédant à la bienveillante sollicitation de plusieurs amis, j'ai recueilli toutes mes notes faites sur les lieux et j'ai évoqué mes plus fidèles souvenirs pour la publication de ce catalogue, qui est le résultat de mes herborisations sur le Grand St-Bernard. J'ai aussi admis dans le catalogue quelques espèces que je n'ai jamais observées dans mes excursions botaniques sur la montagne, mais qui y ont été récoltées par des botanistes distingués. Dans ce cas, j'ai indiqué entre parenthèse le nom du botaniste sur la foi de qui j'ai cité la plante. Pour la classification, j'ai suivi l'ordre de la *Flore de France,* par Grenier et Godron, c'est-à-dire, la méthode naturelle du célèbre de Candolle. A la suite du nom spécifique j'ai donné des détails sur la station et sur l'habitation de chaque espèce ainsi que l'altitude moyenne de l'aire où elle vit au-dessus du niveau de la mer. Par ce moyen, les collecteurs de plantes trouveront aisément les espèces qu'ils désirent, et les botanistes-géographes pourront, dans un rapide coup d'œil, avoir une notion assez exacte de la végétation qui égaie les sites sévères du Grand St-Bernard.

Je m'empresse de rendre ici un hommage dû à l'obligeance parfaite de plusieurs botanistes de grand mérite qui ont bien voulu me communiquer leurs découvertes végétales sur le Mont-Joux et m'aider de leurs lumières : M. Reuter, en particulier, ensuite MM. Lagger, Boissier, Muret et Parlaton, ont bien des titres à ma reconnaissance.

Puisse ce petit travail être agréé par tous les botanistes que notre Flore intéresse, et en particulier par mes chers confrères et mes savants collègues, les membres de la Société Murithienne du Valais.

Chanoine **TISSIÈRE.**

PREMIÈRE CLASSE

EXOGÈNES ou DICOTYLÉDONÉES

PREMIÈRE SOUS-CLASSE

THALAMIFLORES

I. RENONCULACÉES.

Thalietrum.

1. **Th. aquilegifolium,** L. Pentes ombreuses, lieux ombragés ; bois des montagnes. Entre Proz et le Bourg-de-St-Pierre; aux Places; à Pradaz. Cette plante, assez commune dans nos vallées, croît sur le Grand St-Bernard jusqu'à l'altitude de 2200 mètres.

2. **Th. fætidum,** L. Lieux pierreux et bien exposés au soleil. Au plateau de Pradaz. Altitude environ 1940 mètres.

3. **Th. pubescens,** Schl., D.C. A Pradaz, non loin du *Th. fœtidum.*

Anemone.

1. **A. hepatica,** L. **Hepatica trilola,** D. C. **Hepatica nobilis,** Rehb. Très commune dans la région subalpine, au pied des arbustes. Sur les deux versants de la montagne, jusqu'à l'altitude de 2000 mètres.

2. **A. vernalis**, L. **Pulsatilla vernalis**, Mill., Sois., Rchb. Cà et là sur les pentes arides et dans les pâturages secs sur les rochers. Mamelon du Plan de Jupiter; Mont-Cubit; Couloir; gazons près des Roches polies, etc. Altitude moyenne : 2500 mètres. Elle fleurit d'abord après la fonte des neiges.

3. **A. alpina**, L. **Pulsatilla alpina**, Lois., Rchb. Prés et pâturages ; assez rare sur le Grand St-Bernard. A la Baux. Altitude environ 2480 mètres.

A. sulphurea, Koch. **A. sulphurea**, L., man[t] 78. **A. alpiifolia**, Wulf., Murith, cat. p. 51. Partout dans les prés et les pâturages. A la Pierraz ; à la Baux, etc., jusqu'à l'altitude de 2500 mètres. Elle fleurit en juin et juillet, de suite après la fonte des neiges.

4. **A. baldensis**, L. **A. fragifera**, Wulf. Terrains éboulés et rocailleux, dans le voisinage des glaciers. Non loin des glaciers du Velan ; à l'Ardifagoz ; elle n'est pas commune sur la montagne. Altitude moyenne 2600 mètres.

Ranunculus.

Fleurs blanches ; feuilles découpées (veinées).

1. **R. glacialis**, L. Bords des rigoles ; graviers humides. Partout autour de l'hospice, etc. Depuis 2000 jusqu'à 2800 mètres. Plante ordinairement glabre, rarement soyeuse ou laineuse (var. *holosericeus*, Gaud) ; fleurs blanches, rosées ou purpurines.

Aconitoides, Gaud. Près de l'hospice, avec le *R. aconitifolius*, Muret, E.-M. Métroz.

2. **R. aconitifolius**, L., Koch, Syn. Très-commune dans les lieux humides. Près de l'hospice; à la Baux ; à la Pierraz; près du chalet, etc. Altitude moyenne : 2360 mètres.

3. **R. platanifolius**, L. **R. aconitifolius**, var. *altior*. Koch, Syn. Dans les lieux moins humides que la

précédente; parmi les aunes et les saules. A la Laivraz. Je ne l'ai pas trouvée au-dessus d'environ 2200 mètres.

Fleurs blanches; feuilles entières, munies de nervures.

4. **R. parnassifolius,** L. Dans le gravier des hautes montagnes. Sur le Grand St-Bernard. (Gaudin, *Flore helvétique*, vol. III, p. 537.)

5. **R. pyrenæus,** L., Koch, Syn. Çà et là dans les pâturages; elle préfère les lieux subhumides. Près du Plan des Dames; au Plan de Jupiter; à la Baux, etc. Altitude moyenne : 2350 mètres.

Var. **bupleurifolius,** D. C. Feuilles lancéolées; tige multiflore. **R. bupleurifolius,** Lap. Même station et habitation que la précédente. Assez rare.

Var. **plantagineus,** D.C. Feuilles largement lancéolées; tige multiflore. **R. plantagineus,** All. Pâturages gras et humides. Assez fréquente à la Baux; à Dronaz, etc. Altitude moyenne : 2300 mètres.

Fleurs jaunes; feuilles lobées; pédoncules non-sillonnés.

6. **R. montanus,** Willd. **R. nivalis,** Jacq. Dans les prés et les pâturages. Commune autour du lac; à la Baux, etc., jusqu'à l'altitude de 2700 mètres.

7. **R. acris,** L. Prés et pâturages. Cette espèce, très-répandue dans la plaine et dans les vallées, croît sur les rochers du Grand St-Bernard, jusqu'à l'altitude de 2230 mètres; Proz; la Pierraz; la Baux, etc.

Fleurs jaunes; feuilles lobées; pédoncules sillonnés.

8. **R. repens,** L., var. **prostratus,** Gaud. Cette plante, assez commune dans les vignes et dans les lieux cultivés du Bas-Valais, se trouve en quantité dans la plaine de Proz, à l'altitude de 1850 mètres.

9. **R. bulbosus,** L. Lisières des bois; bords des chemins. Entre la Cantine de Proz et le Bourg-de-

St-Pierre; à St-Rémi, jusqu'à 1790 mètres au-dessus du niveau de la mer.

Caltha.

1. **C. palustris**, L. Prés et pâturages humides ou marécageux ; bords des rigoles et des ruisseaux. Commune à la Pierraz, à la Baux, etc. Elle végète jusqu'à l'altitude de 2480 mètres.

Trollius.

1. **T. europæus**, L. Dans les prés et les pâturages. Très-fréquent à la Pierraz ; à la Baux, etc., jusqu'à l'altitude de 2480 mètres.

Aquilegia.

1. **Aquilegia vulgaris**, L. Prés montueux, pâturages, dans le voisinage des bois. Sur les deux versants de la montagne ; à Pradaz, etc. Pas au-dessus de 2000 mètres.

2. **A. alpina**, L. Parmi les arbustes ; pelousses fertiles, sur les rochers. A la Baux ; sous Mont-Cubit ; à Pradaz, parmi les aunes. Altitude extrême : 2400 mètres.

Aconitum.

1. **A. lycoctonum**, L., var. **penninum**, Seringe. *Pubescens, floribns magnis spicatis vel subpaniculatis, galea conico, rostro magno, ovariis 3-5 villosulis.* Ser. Prés et pâturages festiles. A la Baux et à Pradaz, tout près de l'*Aquilegia alpina.* Altitude supérieure : 2400 mètres. Fleurs jaunes.

2. **Aconitum paniculatum**, Lam. **A. penninum**, Seringe. *Caule subflexuoso, ræmis paucifloris, galeâ semicirculari longirostrâ.* Ser. Même station que l'espèce précédente. A la Baux, sous Mont-Cubit ; entre le sommet de Proz et les places, près du chemin. Altitude supérieure : 2400 mètres. Fleurs bleues.

II. CRUCIFÈRES.

§ 1. SILIQUEUSES.

Fruit à peu près trois fois plus long qu'il n'est large.

Barbarea.

1. **B. augustana**, Boissier. **B. intermedia**, Boreau, *Flore du centre de la France*, Grenier et Godron, *Flore de France*, p. 91. Bords des chemins. Près de St-Rémi (localité classique); entre Fourtz et le Bourg-de-St-Pierre. Altitude : 1640 mètres.

Arabis.

1. **A. alpina**, L. Lieux subhumides et rocailleux : anfractuosités des rochers. Assez communément autour de l'hospice, etc. Altitude moyenne : 2470 mètres.

2. **A. alpestris**, Schl., Rehb., Reut., cat. ed. 2. **A. ciliata. B. hirsuta**, Koch. Pâturages secs, lieux pierreux. A la Pierraz ; au Combes. Elle n'est pas commune. Altitude moyenne : 2000 mètres.

3. **A. pumila**, Jacq. Lieux arides, sur les rochers ; graviers des hautes montagnes. Sur le Grand St-Bernard, Haller, Gaudin. *Flore helvétique*, vol. VII, p. 392. Je n'ai jamais remarqué cette espèce sur le Grand St-Bernard.

4. **A. bellidifolia**, Jacq. Pâturages humides. Aux Plançades ; près de la Pierraz ; à la Baux ; à Pradaz. Altitude moyenne : 2100 mètres.

5. **A. cærulea**, Hank in Jacq. **Turritis cærulea**, All. Graviers et terrains éboulés dans le voisinage des glaciers. A Tzermettaz ; à l'Ardifagoz ; près des glaciers du Mont-Velan. Altitude moyenne : 2480 mètres.

Cardamine.

1. **C. alpina**, Willd. **A. bellidifolia**, Scop. Graviers et pelousses humides. Près de l'hospice ; à la Combaz ;

fort commune depuis 2200 mètres jusqu'à l'altitude de 2850 mètres.

2. **C. resedifolia, L.** Souvent avec la précédente; elle préfère néanmoins les lieux moins humides. Autour du lac, etc. Altitude de 1700 jusqu'à 2850 mètres.

3. **C. amara, L.** Rigoles et bords des eaux claires. A la Pierraz; à la Baux; près de l'hospice, etc., jusqu'à l'altitude de 2470 mètres.

Sisymbrium.

1. **S. strictissimum,** L. Lieux incultes. Près de St-Rémi, très-rare. Altitude : 1630 mètres. Fleurs odorantes, d'un jaune doré; plante de 1 mètre environ.

Hugueninia.

1. **H. tanacetifolia,** Rehb., Koch, Syn. **Sisymbrium tanacetifolium,** L. Pelousses sur les rochers ; à la Baux; à l'Hôpital, près de la Dranse. Altitude : 2250 mètres.

Braya (Sternberg & Hoppe).

1. **B. pinnatifida,** Koch. **Sisymbrium pinnatifidum,** D.C. **S. dentatum,** All. **S. bursifolium,** Will. (non L.). **Arabis pinnatifida,** Lam. Graviers; bords des chemins. Assez commune; près de l'hospice; le long de l'aqueduc, etc. Altitude de 2100 jusqu'à 2750 mètres.

N. B. On cultive à la Pierraz la grosse rave (*Brassica rapa,* L. *A. depressa,* D. C.) dont la racine a une saveur très-agréable due sans doute à la localité.

§ 2. SILICULEUSES.

a. Latiseptées. — *Cloison aussi large que le plus grand diamètre de la Silicule.*

Draba.

1. **D. aïzoides,** L. Pâturages arides; fissures des rochers. Plan de Jupiter; Mont-Cubit, etc. Très-

commune, surtout dans les lieux exposés au Midi. Elle fleurit de suite après la fonte des neiges. Altitude : jusqu'à 2850 mètres.

2. **D. tomentosa**, Wahl. Sur les rochers exposés au Midi. Rochers de la Baux, de Tzermanaire, etc. Elle est assez rare. Altitude moyenne : 2480 mètres.

3. **D. frigida**, Sauter. **D. hirta**, Gaudin (non L.), ex-Reuter. Sur les rochers. Près des Rochers-polis ; un peu au-dessous des lacs de Ferrez. Très-rare. Altitude moyenne : 2690 mètres.

4. **D. Johannis**, Host. **D. nivalis**, Gaud (ex-Reuter). Bords des chemins et pâturages. Elle croît abondamment le long de l'aqueduc; on la trouve aussi sur les pentes herbeuses et rocailleuses au pied de la Chenalletaz, un peu au-dessus de l'aqueduc. Altitude : 2480 mètres.

5. **D. fladnizensis**, Wulf. Non loin de la *D. frigida* ; vers les Roches-polies. Elle est extrêmement rare. Altitude : 2750 mètres.

b. ANGUSTISEPTÉES. — *Cloison beaucoup moins large que le plus grand diamètre de la Silicule.*

Thlaspi.

1. **T. montanum**, L. Lieux pierreux sur le Grand St-Bernard, Haller, Murith, Gaud, *Flore helvétique.*

2. **T. virens**, Jord., Gren. et God., *Flore de France*, vol. I, p. 145. **T. alpestre**, *auct ex parte* (ex-Reuter). Elle fleurit au premier printemps. Dans les pâturages de Terredaz, des Novalles, etc. Altitude moyenne : 2200 mètres.

3. **T. bursa-pastoris**, L. **Capsella bursa-pastoris**, Monch, Koch. Bords des chemins et lieux cultivés. Au sentier de la Pierraz ; dans les jardins de la Pierraz et dans les terre-pleins près de l'aqueduc et de l'hospice, jusqu'à l'altitude de 2470 mètres.

Biscutella.

1. **B. lævigata**, L. Gazons sur les rochers. A la Baux; à Mont-Cubit; à Pradaz, jusqu'à l'altitude de 2440 mètres.

Hutchinsia.

1. **H. alpina**, R. Brown. **Lepidium alpinum**, L. Sur le Grand St-Bernard, Gaud, *Flore helvétique*. Je n'ai jamais trouvé cette espèce dans mes herborisations sur la montagne, tandis que j'ai rencontré souvent l'espèce suivante. Il est donc fort probable que cette *H. alpina* appartient à l'*H. affinis* et qu'elle doit être exclue de la Flore du Grand St-Bernard.

2. **H. affinis**, Grenier. Graviers un peu humides. Commnne au Col-Fenêtre; au pied du Mont-Mort, près du lac, etc. Elle se plaît à l'altitude de 2700 mètres. Je ne l'ai jamais observée au-dessous de 2460 mètres.

III. CISTINÉES.

Helianthemum.

1. **H. vulgare**, Gærtn., Koch, Gaudin, *Flore helvétique*, vol. III, p. 448. **Cistus helianthemum**. L. Pâturages arides. Sur le Grand St-Bernard, Gaud., *Flore helvétique*, vol. VII, p. 394.

Var. **virescens**, Grenier et Godron. **H. grandiflorum**, D.C., Gaud. Gazons secs et lieux arides. A la Baux; sur les rochers sous Mont-Cubit jusqu'au Couloir, etc. Altitude : 2400 mètres.

IV. VIOLARIÉES.

Viola.

Stigmate épaissi au sommet et se terminant en disque oblique. Pédoncules dressés à la maturité, recourbés au sommet, capsules pendantes, subtrigones. Plantes acaules.

1. **V. palustris,** L. Endroits tourbeux et marécageux. A Proz, sous les Zerbets; un peu au-dessus de la Pierraz, vers l'hôpital. Altitude moyenne: 1900 mètres. Plante glabre, à fleurs petites, d'un bleu pâle, veinées de violet; inodores.

Style aigu, recourbé. Pédoncules radicaux, étalés à terre à la maturité. Capsule gobuleuse.

2. **V. hirta,** L. Côteaux et lisières des bois. Sur les versants de la montagne jusqu'à 1900 mètres. Plante plus ou moins velue-hérissée; fleurs inodores, violettes, rarement blanches. On trouve, dans les pâturages arides et parmi les arbustes, une variété plus velue, le limbe des feuilles égalant presque le pétiole, et portant des fleurs blanches, très-odorantes (var. *alpina,* Gaud). A la Pierraz; au-delà des Contours, parmi les arbustes.

Style aigu, recourbé. Pédonculus dressés à la maturité. Capsule trigone.

3. **V. arenaria,** D.C. Pelousses un peu arides, parmi les arbustes. Aux Plançades; aux Contours entre la Cantine et St-Rémi, et au-delà des Contours. Altitude moyenne: 1900 mètres. Plante toute couverte d'un duvet très-court. Tiges courbées, à la base, dressées; axe central indéterminé, formant une rosette de feuilles qui à leurs aisselies donnent naissance aux tiges florifères. Fleurs bleues, inodores.

V. riviniana, Rehb., au Bourg-de-St-Pierre, De la Soie. Mai.

4. **V. canina,** L., var. **pygmæa,** Gaud. Sur le Grand St-Bernard, Gaud., *Flore helvétique.*

5. **V. pumila**, Chaix in Vill., var. **ericetorum**, Gaud. Bourg-de-St-Pierre, près de la route, vers le Grand St-Bernard, Gaud., *Flore helvétique.*

Style courbé à la base, puis redressé, épaissi au sommet; stygmate plane, presque bifide.

6. **V. biflora**, L. Lieux humides, surtout dans les fissures des rochers, le long de l'aqueduc, etc.; elle est assez commune depuis 1900 jusqu'à 2700 mètres. Plante glabre; fleurs jaunes, striées de brun.

8. **V. calcarata**, L. Dans les prés et les pâturages. Partout jusqu'à 2750 mètres. Fleurs violettes, très-odorantes.

Var. **flora.** Fleurs jaunes. **V. zoysii**, Wulf. Sur le Plan de Jupiter; à la Baux, etc., beaucoup plus rare que le *V. calcarata*, L. On trouve aussi une variété à fleur blanche, *V. Zoysii*, W., mais elle devient jaunâtre par la dessication.

V. DROSÉRACÉES.

Parnassia.

1. **P. palustris**, L. Bords des rigoles et des ruisseaux; lieux marécageux et pâturages humides. Partout sur les deux versants de la montagne, jusqu'à l'altitude de 2470 mètres.

VI. POLYGALÉES.

Polygala.

1. **P. vulgaris**, L. Prés un peu secs; pâturages au pied des arbustes. Sur les deux versants de la montagne, jusqu'à l'altitude de 2100 mètres.

2. **P. alpina**, Perr. et Sougeon., *Pl. rar. Sav.* n. 1 p. 9, 1859 ita Reuter. Pâturages et pelousses un peu humides. Près de la Pierraz; à la Baux, etc. Elle

fleurit au premier printemps du Grand St-Bernard, c'est-à-dire en juin. Altitude moyenne : 2200 mètres.

3. **P. amara,** Lin., Koch. Lieux tourbeux; pâturages un peu humides. Aux Plançades; aux Contours, etc. Altitude supérieure : 2250 mètres.

4. **P. chamæbuxus,** L. Elle se plaît parmi les arbustes, dans les endroits un peu secs; on la trouve aussi dans les pâturages arides. A la Baux; sous la Pouillerie; au bas du Crêt, entre les Contours et St-Rémi. Cette espèce, très-commune à la lisière des bois du Bas-Valais, croît au Grand St-Bernard, jusqu'à l'altitude de 2400 mètres.

VII. SILÉNÉES.

LYCHNIDÉES. — *Calice muni de nervures commissurales.*

Silene.

1. **S. inflata,** Sm., D. C. **Cucubalus,** L. Endroits rocailleux, dans les prés et les pâturages. A la Baux; à la Pierraz, etc., jusqu'à 2400 mètres.

2. **S. quadrifida,** L. Rochers humides. Sur le Grand St-Bernard, Gaud., *Flore helvétique.*

3. **S. rupestris,** L. Pâturages secs; lieux rocailleux; gazons sur les rochers. Autour du lac; au Plan de Jupiter; assez commune jusqu'à 2600 mètres.

4. **S. exscapa,** All. Pelousses sur les rochers. Partout, depuis 1800 jusqu'à 3000 mètres; sur les croupes de la Chenalettaz; du pic de Menouve, etc. Je n'ai jamais remarqué sur le Grand St-Bernard le *S. acaulis,* L. *(genuina),* que les auteurs indiquent sur toutes les Alpes valaisannes.

5. **S. diurna,** Gren. et God. **Lychnis diurna.** Sibth., Koch. Terrains gras et humides. Dans le pré de la Pierraz, près du chalet, et au bord du ruisseau ; à la Baux et jusqu'à l'altitude de 2300 mètres.

6. **S. nutans**, L., Koch. Prés secs; pâturages arides. A la Pierraz; à la Baux; sous Mont-Cubit; à l'Ardifagoz, etc. Limite supérieure : 2400 mètres.

DIANTHÉES. — *Calice dépourvu de nervures commissurales.*

Saponaria.

1. **S. oxymoides**, L. Collines arides. Aux Plançades; à Pradaz; entre la Cantine et St-Rémi, etc. Cette plante, qui tapisse tous les côteaux du Bas-Valais, végète sur le Grand-St-Bernard jusqu'à l'altitude de 2300 mètres.

Gypsophyla.

1. **G. repens**, L. **G. prostrata**, All. Graviers, éboulis graveleux et schisteux. A l'Ardifagoz, sur les pentes du Velan, etc. Altitude moyenne : 2300 mètres.

Dianthus.

1. **D. cartusianorum**, L. Prés et pâturages secs. A Pradaz; aux Plaçades; près du Bourg-de-St-Pierre. Altitude supérieure : 2000 mètres.

2. **D. sylvestris**, Wulf., Koch. Côteaux arides. Aux Plançades, au bas du Crêt; entre la Cantine et St-Rémi, etc. Altitude supérieure : 2100 mètres.

VIII. ALSINÉES.

Trib. I. SUBULINÉES. — *Valves de la capsule entières, et en nombre égal à celui des styles. Feuilles sans stipules.*

Sagina.

1. **S. linnæi**, Presl. **S. saxatilis**, Wimn., Koch. **Spergula saginoïdes**, L. Petits sentiers un peu humides ; dans les pâturages. A la Baux, sous les rochers, etc. Altitude moyenne : 2350 mètres. Pétales un peu plus courts que le calice.

2. **S. glabra**, Wild. Gazons humides. Entre l'hospice et St-Rémi, près de la Cantine; à l'Ardifagoz ; à

la Pierraz (elle est assez rare dans cette dernière localité). Altitude moyenne: 2250 mètres. Corolle blanche, double du calice.

3. **S. nodosa,** Feuzl. **Spergula nodosa,** L. Marais tourbeux. Sur le Grand St-Bernard, Gaud., *Flore helvétique,* vol. VII, p. 396.

4. **S. nivalis,** Fries, d'après Lagger. A la Pierraz; près du chalet, E.-M. Métroz.

Alsine.

1. **A. verna,** Barth., Koch. **Arenaria verna,** L. Dans les pâturages. A la Baux. Elle n'est pas commune. Altitude moyenne : 2300 mètres.

2, **A. recurva,** Wahl., Koch. **Arenaria recurva,** All. Pâturages secs, sur les rochers. Très-commune ; au Plan de Jupiter, etc., de 2100 jusqu'à 2600 mètres.

3. **A. striata,** Gren. **A. laricifolia,** Wahl., Koch. **Arenaria laricifolia,** Gaud. Pâturages arides, à la lisière des bois. A Tzaraire; aux Novalles, etc. Altitude : 1750 mètres.

4. **A. cherleri,** Feuzl. **Cherleria sedoides,** L., Koch. Sur les rochers et dans les pâturages; elle préfère les lieux un peu humides. Autour du lac, etc., assez communément jusqu'à l'altitude de 2900 mètres.

5. **A. lanceolata,** All. et Koch. **Arenaria lanceolata,** All. Pâturages rocailleux. Près du Grand St-Bernard, dans les Alpes de la vallée d'Aoste *(Allionis).*

Trib. II. STELLARINÉES. — *Valves de capsule entières et en nombre double de celui des styles; ou valves biffides ou bidentées, et alors en nombre égal à celui des styles. Feuilles sans stipules.*

Mœhringia.

1. **M. polygonoides,** M. et K., Koch. **Arenaria polygonoides,** Wulf., Gaud. **Ar. obtusa,** All. Lieux rocail-

leux, et dans les graviers. Entre la Baux et les Roches-polies; à l'Ardifagoz, etc. Altitude moyenne : 2470 mètres.

Arenaria.

1. **A. biflora**, L., Koch. Bords des chemins; graviers un peu humides. Commune sur les chemins autour du lac, etc. Altitude moyenne : 2350 mètres.

2. **A. ciliata**, L., Koch. Faîte au midi du Col-Fenêtre, elle y croît abondamment. Altitude 2750 mètres.

3. **A. serpyllifolia**, L., Koch. Endroits secs et sablonneux. Au bas des Plançades. Altitude : 1850 mètres.

Var. **alpina**, Gaud. **A. viscida**, Haller. A l'issue du lac, vers la Pouillerie. Très-rare. Altitude : 2450 mètres.

Stellaria.

1. **S. nemorum**, L. Dans les lieux frais; parmi les arbustes. Près de Branchères; sous l'Ayettaz. Altitude : 1700 mètres.

2. **S. media**, Vill. Dans les jardins, les cultures; au pied des murs, etc. A la Pierraz; le long de l'aqueduc, dans les terre-pleins (jardins), etc. Altitude supérieure : 2470 mètres.

3. **S. uliginosa**, Murr., Koch. Lieux marécageux où très-humides; voisinage des charbonnières. Sur les versants de la montagne, jusqu'à 2000 mètres.

Cerastium.

1. **C. trigynum**, Vill. **Stellaria cerastoides**, L. Koch. Lieux humides, pierreux ou graveleux. Autour de l'hospice, etc. Très-commune sur la montagne depuis 2000 jusqu'à 2800 mètres.

2. **C. alpinum**, L. Sur le Grand St-Bernard, Gaud., *Flore helvétique.*

3. **C. arvense,** var. **strictum,** Koch. Sur les rochers; sur les monts; dans les gazons arides. A la Pierraz; le long de l'aqueduc, etc., jusqu'à 2470 mètres.

4. **C. latifolium,** L. Pelouses; il préfère les graviers. Mont-Mort, près du lac et de la Combaz; abondamment à l'Ardifagoz. Altitude moyenne: 2470 mètres.

Var. **glaciale,** Koch. **Cer. glaciale,** Gaud., in D. C. **Cerast. uniflorum,** Murith. Dans les mêmes localités que le *C. latifolium,* L.; on le trouve aussi près du pont vers le Grand-Lui. Il préfère les lieux humides sur les rochers.

Malachium.

1. **M. aquaticum,** Fries, Koch. **Cerastium aquaticum,** L., Murith. **Stellaria pentagyna,** Gaud. **Stell. aquatica,** Scop. **Larbrea aquatica,** Ser. in D. C. (nec. St. Hil.). Lieux très-humides; bords des ruisseaux et des rivières. A l'Ardifagoz, aux bords des sources; à la Pierraz, aux bords des ruisseaux, à l'hôpital, au bord de la Dranse. Altitude supérieure: 2250 mètres.

Trib. III. Spergulées. — *Valves de la capsule en nombre égal à celui des styles. Feuilles stipulées.*

Spergularia.

1. **S. rubra,** Pers., Gren. et God. **Arenaria rubra,** L. **Alsine rubra,** Weht., Koch. Sur les chemins et autour des chalets. Sur les deux versants de la montagne, jusqu'à l'altitude de 2200 mètres.

IX. LINÉES.

Linum.

1. **L. alpinum,** Jacq., Koch. **L. montanum,** Schl. Pâturages sur le Grand St-Bernard, Gaud., *Flore helvétique.* J'ai trouvé abondamment cette espèce au col de Pérénaz.

2. **L. catharticum**, L. Dans les prés et les pâturages. Altitude supérieure : 1900 mètres.

X. GÉRANIÉES.

Feuilles palmatipartites.

Geranium.

1. **G. sylvaticum**, L. Prés ou pâturages un peu humides. A la Pierraz, à la Baux, etc. Altitude supérieure : 2300 mètres.

Feuilles palmatifides.

2. **G. phæum**, var. **lividum**, Koch. **G. lividum**, l'Hérith. Sur le Grand St-Bernard., Gaud., *Flore helvétique.*

XI. HYPÉRICINÉES.

Hypericum.

1. **H. quadrangulum**, L., Koch. **Hyp. dubium**, Leers. Prés et pâturages un peu humides ou rocailleux. A la Baux ; à Pradaz, etc., jusqu'à 2300 mètres.

XII. OXALIDÉES.

Oxalis.

1. **O. acetosella**, L. Lieux hnmides, parmi les arbustes. Entre la Cantine et le Bourg-de-St-Pierre, etc. Limite supérieure : 1800 mètres.

DEUXIÈME SOUS-CLASSE

CALYCIFLORES

XIII. RHAMEÉES.

Rhamnus.

1. **R. pumilus**, L. Sur les rochers. A Pradaz, vers la cascade. Altitude : environ 1930 mètres. Arbrisseau de 5-15 centimètres.

XIV. PAPILIONACÉES.

Anthyllis.

1. **A. vulneraria,** L. Pelouses sèches; pâturages pierreux. A la Baux; à l'Ardifagoz; à Pradaz, etc. Limite supérieure.

Trifolium.

Fleurs dépourvues de bractéoles.

1. **T. alpestre,** L. Pelouses sur les rochers en masse. Pradaz, près de la cascade; près du pont de Brachères, sous le château. Altitude supérieure : environ 1930 mètres.

2. **T. pratense,** L. Assez commune dans les prés sur les deux versants de la montagne, jusqu'à 2100 mètres. On trouve, au pré de Dronaz, une variété à fleurs blanches, ou jaunâtres (**T. nivale,** Sieb.).

3. **T. saxatile,** All. **T. thymiflorum,** Vill. Pâturages rocailleux; graviers dans le voisinage des glaciers. Menouve, au pied du Mont-Velan. Altitude : 2100 mètres. Espèce assez rare.

Fleurs pourvues de bractéoles.

4. **T. montanum,** L. Cette espèce, assez commune dans le Bas-Valais, se trouve en petite quantité dans la Plaine-de-Proz, le long du torrent, à l'altitude de 1850 mètres. Fleurs blanches.

5. **T. alpinum,** L. Très-commune partout, depuis 2000 jusqu'à 2900 mètres. Fleurs purpurines, grandes.

6. **T. cespitosum,** Neyn., Koch. **T. thalii,** Vill. Sur le Grand St-Bernard; à Ardifagoz, Gaud., *Flore helvétique.* Fleurs d'un blanc rosé.

7. **T. glareosum,** Schleich. **T. pallescens,** Schreb. et auct. (ex-parte). Commun dans les prés et les pâturages un peu arides, et sur les graviers. Proz; la Pierraz; Plan-de-Jupiter, etc., de 1800 jusqu'à 2500

mètres. Fleurs d'un bleu jaunâtre ; tiges nombreuses, couchées et orbiculairement étalées, non radicantes. — Gaudin était évidemment dans l'erreur lorsqu'il regardait cette plante comme une variété du *T. repens.*

8. **T. repens,** L. Commune dans les prairies et aux bords des chemins. Sur les deux versants de la montagne. Il ne se retrouve guère au-dessus de 1750 mètres. Fleurs blanches, rarement un peu rosées, tiges couchées et radicantes.

9. **T. badium,** Schreb. **T. spadiceum,** Vill. (non Lin.). Prairies et pâturages fertiles. A la Pierraz ; à la Baux ; à Pradaz, etc. Limite supérieure : 2400 mètres. Fleurs jaunes, puis brunes.

Lotus.

1. **L. corniculatus,** L. Plante polymorphe; glabre, dans les bois et les prés sur les deux versants de la montagne; velue, dans les pâturages et les prés secs. **L. villosus,** Thuill. Par. 387. Jusqu'à 2300 mètres. Sur les pentes de la Chenalettaz, etc., on trouve aussi la var. **alpinus,** Gaud. *Minimus, biunciclis, elegans, pédunculis subbifloris, caule vix brevioribus, floribus extus sæpè ruberrimis,* Seringe. Cette variété croît jusqu'à l'altitude de 2800 mètres environ.

Astragalus.

1. **A. aristatus,** L'Hérit. **A. sempervirens,** Lem. **A. tragacantha,** Vill. **Phæa tragacantha,** All. Lieux un peu humides. A l'extrêmité de Bossaz, en montant vers Bella-Comba. Altitude approximative : 1950 mètres.

Oxytropis.

1. **O. campestris,** D. C. Pelouses herbeuses, dans les lieux graveleux. A l'Ardifagoz, près du glacier de Proz. Altitude moyenne : 2350 mètres.

2. **O. cyanea,** Koch, Gaud. **O. gaudini,** Bunge (ita Lagger). Gazons sur les graviers éboulés. Assez fréquente à l'Ardifagoz. Altitude : 2350 mètres.

3. **O. montana,** D.C, Gaudin, Koch. **O. Jacquini,** Bunge (ita Lagger). Pâturages un peu secs. Sous la Baux ; à l'Ardifagoz, dans les gazons entre les déchirures des rochers. Elle est très-rare. Altitude moyenne : 2300 mètres.

Phaca.

1. **Ph. frigida,** L. Pelouses herbeuses, fertiles. Un peu au-dessous des lacs de Ferrêt ; à l'Ardifagoz. Altitude moyenne : 2380 mètres. Fleurs jaunâtres.

2, **Ph. alpina,** Jacq. Lieux pierreux. Sous le glacier de Proz, près du torrent ; sur les pentes du Pain de Sucre; à l'Ardifagoz. Altitude moyenne : 2400 mètres environ. Fleurs jaunes.

3. **Ph. astragalina,** D. C. **Astragalus alpinus,** L. Dans les pâturages. Au bas de la Baux, près de la Cantine; aux Combes. Assez rare. Altitude: 2200 mètres, Fleurs odorantes, panachées de blanc, de bleu et de violet.

Vicia.

1. **V. sepium,** L. Haies et bois. Près de St-Rémi. Altitude de la limite supérieure de la végétation : 1700 mètres.

2. **V. onobrychioides,** L. Lieux, arides principalement dans les moissons. Près de St-Rémi. Sa végétation cesse à l'altitude de 1650 mètres.

3. **V. dumetorum,** L. Bois des vallées montagneuses. Sur le Grand St-Bernard, Gaud.

Cracca.

1. **C. major,** Franken. **Vicia cracca,** L., Koch. Prés ou pâturages, parmi les arbustes. Entre la Fourtaz

et le Bourg-de-St-Pierre; au château près du dit bourg. Altitude supérieure : 1730 mètres.

Lathyrus.

1. **L. pratensis**, L. Dans les prés; dans les pâturages, parmi les arbustes. Aux Plançades, près de St-Rémi, etc. Sa limite supérieure est à l'altitude de 2100 mètres.

Hippocrepis.

1. **H. comosa**, L. Pâturages et lieux arides. Au bas des Plançades, dans les éboulements; aux Contours, entre la Cantine et St-Rémi, etc. Altitude supérieure : 1900 mètres.

Hedysarum.

1. **H. obscurum**, L. **H. alpinum**, Jacq. **H. controversum**, Crontz. Dans les pâturages humides ou arrosés, préférablement aux bords des torrents. Au bas du Col-Fenêtre, près de l'endroit où les eaux des petits lacs se perdent parmi les blocs détachés des rochers. Altitude : 2550 mètres.

Onobrychis.

1. **O. sativa**, Lam., var. **montana**, Gaud. **O. montana**, D.C. Pelouses herbeuses, un peu sèches. Non loin de l'*Hedysarum obscurum*, et à l'Ardifagoz.

XV. ROSACÉES.

Spiræa.

1. **S. ulmaria**, L. Prés humides, près de St-Rémi. Altitude : 1640 mètres.

Dryas.

1. **D. octopetala**, L. Lieux arides sur les rochers. Tzermanaire; Mont-Cubit; l'Ardifagoz. Altitude moyenne : 2470 mètres.

Geum.

1. **G. rivale**, L. Prés humides; bords des eaux. Cette espèce est très-commune dans nos vallées; je crois l'avoir aussi observée près de St-Rémi, à l'altitude de 1670 mètres.

2. **G. inclinatum**, Schleich. **G. montano-rivale**, Murith. Dans les pâturages secs. Sur les mamelons à l'extrêmité du lac, J. Muret. Altitude: 2465 mètres.

3. **G. montanum**, L. Pelouses herbeuses et pâturages. Partout jusqu'à l'altitude de 2800 mètres. Souches sans stolons.

4. **G. reptans**, L. Eboulis et graviers mouvants, ordinairement dans le voisinage des glaciers. A Tzermettaz; près du glacier de Proz; Moulenaz, près du glacier du Mont-Velan, Barasson, etc. Cette espèce paraît ne se plaire qu'à l'altitude de 2500 mètres.

Sibbaldia.

1. **S. procumbens**, L. Çà et là dans les gazons arides, sur les rochers, et dans les lieux escarpés. Près de la fontaine Potina; autour du lac; vis-à-vis du Bras, etc. Altitude moyenne : 2500 mètres.

Potentilla.

Sect. I. LATÉRALES. — *Tiges florales annuelles, latérales, naissant de l'aisselle d'une rosette centrale non florifère (axe indéterminé).*

I. Feuilles ternées.

1. **P. minima**, Hall. fils. **P. brauniana**, Poir. Pâturages. Plan-de-Jupiter; l'Ardifagoz. Assez rare. Altitude: 2460 mètres.

2. **P. frigida**, Vill. **P. glacialis**, Hall. fils. **P. norvegica**, All. Sommet des montagnes, sur les légères couches d'humus. A Tzermanaire; à la Chenalettaz; au Col-Fenêtre, etc. Moins rare que la précédente. Altitude de 2650 jusqu'à 3000 mètres.

3. **P. grandiflora**, L. Pelouses fertiles, herbeuses, généralement sur les rochers escarpés. Elle croit abondamment sur les rochers de la Baux; sous Mont-Cubit, etc. Altitude : 2400 mètres.

2. Feuilles digitées ou pennées.

4. **P. alpestris**, Hall. fils. **P. sabauda**, D.C., *Fl. fr.* **Pot. salisburgensis**, Hænk in Jacq. Pâturages. Autour du lac; près du Mont-Cubit, etc. Altitude moyenne : 2400 mètres.

5. **P. aurea**, L. **P. halleri**, Ser. Commune dans les pâturages un peu secs. Autour du lac, etc., jusqu'à l'altitude de 2600 mètres.

3. Feuilles tri-quinque foliolées.

6. **P. tormentilla**, Nestl. **Tormentilla erecta**, L. Prairies et pâturages humides ou tourbeux. Proz; la Pierraz; la Baux; l'Ardifagoz; Pradoz, etc. Altitude supérieure : 2450 mètres.

7. **Panserina**, L. Bords des chemins. Sur les deux versants de la montagne; guère au-dessus de 1700 mètres.

Sect. II. Terminales. — *Tiges florales annuelles, terminales et naissant ainsi du centre du bourgeon (axe déterminé).*

8. **P. rupestris**, L. Lieux rocailleux. Près de St-Rémi, et entre Baussaz et Cerisai. Altitude : 1600 mètres. Feuilles pennées. fleurs blanches.

9. **P. argentea**, L. Lieux exposés au soleil. Près du premier village sur chaque versant de la montagne; jusque près de l'Ayettaz; à l'altitude de 1760 mètres. Feuilles digitées, fleurs jaunes.

Fragaria.

1. **F. vesca**, L. Côteaux un peu secs; parmi les arbustes. Au bas des Plançades; aux Novalles, etc. Altitude supérieure : 1900 mètres.

Rubus.

1. **R. saxatilis**, L. Pâturages pierreux à la lisière des bois; lieux rocailleux. Au pied de la Tour des fous; entre les Contours et St-Rémi, etc. Altitude supérieure : 2350 mètres.

2. **R. idæus**, L. Dans les pâturages et les décombres. Abondamment dans la forêt près de St-Rémi, etc. Altitude supérieure : 1800 mètres.

Rosa.

1. **R. alpina**, L. Lieux escarpés, sur les rochers. Rochers de la Pouillerie et de la Baux, etc. Altitude supérieure : 2460 mètres.

Poterium.

1. **P. sanguisorba**, L., Koch, Gaud. Les pâturages, les prés, les bois. A Pradaz; aux Novalles, etc. Pas au-dessus de 2300 mètres.

Alchemilla.

1. **A. alpina**, L. Lieux arides; pâturages secs. A Tzermanaire; près la Pierraz, etc. Altitude supérieure : 2600 mètres.

2. **A. subsericea**, Reuter. Pâturages. Entre la Combaz et le Plan des Dames; elle croît abondamment dans cette localité où elle est mêlée avec l'*Alpina* et la *pentaphyllea*. Altitude : environ 2260 mètres. — Diagnose : « A perennis foliis radicalibus digitato 6-7 partitis supra glabris, subtus petiolisque subsericeo villosis, portionibus oblongo-cuneatis obtusis apice inciso-seratis dentibus non contiguis apice ciliato-sericcis, caulinis paucis 3-5 partitis; floribus interrupti fasciculatim racemosis longiuscule pedicellatis extùs subsericea-villosis. » — Cette espèce, trés-voisine de l'*A. alpina*, s'en distingue par les feuilles opaques, velues, sub-soyueuses en dessous, mais

non argenteo-satinées, à dents plus profondes, presque droites, non couchées, par les fleurs un peu grandes (Ita Reuter).

3. **A. vulgaris**, L. Dans les pâturages. Autour du lac, etc., etc., jusqu'à 2600 mètres.

Var. **subsericea**, Koch. **A. montana**, Wild. **A. vulgaris**, var. **hybrida**, L. Pâturages sur les rochers. Sur les croupes du Mont-Mort, etc. Altitude : 2480 mètres.

4. **A. pentaphyllea**, L. Dans les pâturages et sur les graviers un peu humides. Autour du lac; à la Combaz, etc. C'est une espèce fort commune sur la montagne; sa zône favorite commune à 2100 mètres, et elle s'étend jusqu'à l'altitude de 2800 mètres.

Var. **cuneata. A. cuneata**, Gaud. Plante veluesoyeuse. Pâturages. Col-Fenêtre, un peu au-dessus des lacs de Ferrex, E.-M. Métroz.

XVI. POMACÉES.

Cotoneaster.

1. **C. vulgaris**, Lindl. **Mespilus contoneaster**, L. Sur les rochers; dans les lieux pierreux. Aux Lancettes, etc., non commun. Altitude : 1750 mètres. Feuilles à noyaux osseux, globuleux, rouges de sang, de la grosseur d'un pois, feuilles vertes et glabres en dessus, blanches, tomenteuses en dessous.

Sorbus.

1. **S. aucuparia**, L. **Pyrus aucuparia**, Gertu. (Vulg. Timier). Dans les bois. Entre Proz et le Bourg-de-St-Pierre, près de la route. Altitude : 1700 mètres. Pétales étalés, blancs; feuilles imparipennées.

2. **S. chamæmespilus**, Grtz. **Pyrus chamæmespilus**, Lindl. **Crategus chamæmespilus**, Jacq., D. C. Lieux escarpés. Au-dessus du parc de Dronaz; près de la

cascade de Pradaz. Très-rare. Altitude moyenne : 2050 mètres. Pétales dressés, roses; feuilles elliptiques, entières à la base, finement et doublement dentées dans le reste de leur pourtour, glabres sur les deux faces ou plus ou moins tomenteuses en dessous.

Amelanchier.

1. **A. vulgaris**, Mœnch. **Aronia rotundifolia**, Pers., Koch. **Cratægus amelanchier**, D. C. **Mespilus amelanchier**, L. Escarpements; fissures de rochers. Aux Lancertes, non loin du *Cotoneaster vulgaris.* Fruits à pepins arrondis, d'un noir bleuâtre, plus gros qu'un pois; fleurs blanches.

XVII. ONAGRARIÉES.

Epilobium.

Sect. I. Lysimachion, D. C. — *Fleures régulières, infundibuliformes. Pétales bilobés. Etamines et styles dressés.*

a. Stigmates soudés en massue.

1. **E. alsinefolium**, Vill. **M. origanifolium**, Lmk., Koch. Lieux gras et humides; bords des ruisseaux. La Pierraz; l'Ardifagoz; la Baux, etc. Altitude moyenne : 2150 mètres.

2. **E. alpinum**, Lin., Koch. Rigoles; bords des ruisseaux; tourbières très-humides. Commun autour du lac; à la Pierraz, etc., jusque dans les graviers humides près du sommet de la Chenalettaz. Depuis 2000 jusqu'à 2900 mètres.

3. **E. trigonum**, Schrank., Koch. **E. alpestre**, Gaud. (non Schmidt). Pâturages un peu humides et escarpements des montagnes. Sur le Grand St-Bernard, Murith.

b. **Stigmates libres, étalés.**

4. **E. gemmiferum**, (ita Lagger). Prés et pâturages un peu secs. A la Pierraz; près de la route avant d'arriver à St-Rémi. Altitude moyenne : 1850 mètres.

Sect. II. CHAMÆNERION, D. C. — *Fleurs irrégulières, rotacées. Pétales entiers ou émarginés, non bilobés. Etamines et styles déclinés.*

5. **E. spicatum**, Lam., All. **E. angustifolium**, L., Koch. Bois; lieux escarpés sur les rochers. Abondamment près de St-Rémi et dans la forêt au-dessus du village; entre Proz et le Bourg-de-St-Pierre; sur les rochers de la Pouillerie. A la Baux, sous Mont-Cubit. Altitude supérieure : 2460 mètres.

6. **E. rosmarinifolium**, Hænk, Murith. **E. podonic**, Koch. Graviers des torrents. En Proz, Murith. Style égalant les étamines.

7. **E. Fleischeri**, Hochstetter, Koch. Lieux rocailleux; graviers. Entre Proz et le Bourg-de-St-Pierre. Abondant dans la vallée de Ferrex. Altitude supérieure : 1750 mètres. Se distingue de l'*E. rosmarinifolium* par son style de moitié plus court que les étamines; par ses tiges moins élevées, très-nombreuses, couchées à la base, puis ascendentes, etc.

XVII. PARONYCHÉES.

Herniaria.

1. **H. alpina**, Vill. Escarpements sur les rochers. A l'Ardifagoz, sous le glacier des Fortzons. Très-rare. Altitude : 2470 mètres.

Scleranthus.

1. **S. perennis**, L. Lieux arides; pâturages très-secs. Près de St-Rémi. Altitude : 1700 mètres.

XIX. CRASSULACÉES.

Sedum.

1. **S. anacampseros**, L. Pelouses herbeuses exposées au soleil. Près du Jardin-du-Valais; la Baux, etc. Altitude : 2400 mètres.

2. **S. atratum**, L. Graviers et lieux pierreux exposés au soleil. Près des torrents qui descendent des glaciers. Commune à la Ferrex. Altitude : 2300 mètres. Fleurs blanchâtres, à nervure moyenne verte.

3. **S. annuum**, L., Koch. **S. saxatile**, All., D. C., Gaud. Sur les rochers et les graviers. A l'Ardifagoz; à Ferrex, etc., non commun. Altitude : 2300 mètres. Fleurs jaunes.

4. **S. album**, L. Rochers; vieux murs. Sur les deux versants de la montagne; guère au-dessus de 1700 mètres.

5. **S. repens**, Schleich. **S. saxatile**, Allion. Çà et là sur les rochers et dans les pâturages secs. Autour du lac; la Baux; l'Ardifagoz, etc. Altitude : 1700 mètres. Fleurs d'un jaune pâle.

6. **S. acre**, L. Lieux arides; sur les murs. Sur les deux versants de la montagne; Proz; Pradaz, etc. Limite supérieure : 2200 mètres.

Sempervivum.

1. **S. tectorum**, L. Sur les rochers. Entre Proz et le Bourg-de-St-Pierre. Guère au-dessus de 1700 mètres.

2. **S. montanum**, L. Sur les rochers et lieux arides. Pentes de la Chenalettaz, etc. Altitude moyenne : 2470 mètres. Pétales couleur de lilas, strie du milieu violette.

3. **S. arachnoïdeum**, L. Souvent avec le *S. montanum*. Mont-Cubit, etc. Altitude moyenne : 2400 mètres. Pétales rosés, stries tirant sur le rouge pourpré.

XX. GROSSULARIÉES.

Ribes.

1. **R. alpinum,** L. Ruisseaux sur les pentes de la région sous-alpine. Château près du Bourg-de-St-Pierre. Altitude : 1660 mètres. Fleurs vertes.

2. **R. petræum,** Wulf. Lieux un peu humides, parmi les cailloux. Entre Proz et le Bourg-de-St-Pierre. Altitude : 1700 mètres. Fleurs tirant sur le rouge vif.

XXI. SAXIFRAGÉES.

Saxifraga.

1. **S. stellaris,** L. rigoles; fissures des rochers; lieux humides. Autour du lac, etc. Très-commune jusqu'à l'altitude de 2800 mètres.

2. **S. cuneifolia,** L. Bois; lieux ombragés. Sur les deux versants de la montagne; assez comune dans la forêt près de St-Rémi. Jusqu'à 1800 mètres.

3. **S. rotundifolia,** L. Lieux un peu humides; bois un peu humides; bois montueux. Zerbets, tout près du chalet. Altitude : 1740 mètres.

4. **S. aspera,** L. Lieux pierreux; pâturages arides exposés au soleil. Près Mont-Cubit; à l'Ardifagoz, etc. Altitude supérieure : 2470 mètres.

Var. **bryoïdes,** Gren. et God. **S. bryoïdes,** L., Koch. Très-commune sur les rochers. Plan de Jupiter; l'aqueduc, etc., jusqu'à 2900 mètres.

5. **S. aizoïdes,** L. sp. 575. **S. autumnalis,** L. sp. 575, Murith. Rigoles; bords des ruisseaux ; lieux humides. Proz; l'Ardifagoz, etc., jusqu'à 2400 mètres.

6. **S. controversa,** Stern. Lieux pierreux. Voisinage des glaciers du Mont-Velan, versant suisse ; très-rare. Altitude : 2600 mètres environ; elle croît aussi à la même altitude au Col-Fenêtre.

7. **S. muscoides,** Wulf. Sur les rochers et les murs. Partout le long de l'aqueduc, etc. Altitude : 2450 mètres.

8. **S. androsacea,** L. Pelouses de mousse ; lieux pierreux et humides. Très-commune près de l'hospice ; au pied du Mont-Mort ; Mont-Cubit ; la Baux, etc. Altitude : 2460 mètres.

9. **S. planifolia,** Lapey. Voisinage des neiges et des glaciers. Près du glacier de Proz ; Col de Menouve ; abondamment au Col-Fenêtre. Altitude : 2700 mètres.

10. **S. aizoon,** Jacq. Sur les rochers et dans les lieux arides. Vers la fontaine Polina ; à Mont-Cubit ; rochers de la Baux, etc., jusqu'à 2500 mètres. Cette espèce est commune dans nos vallées valaisannes, elle descend jusqu'au lac Léman.

11. **S. oppositifolia,** L. Elle fleurit de suite après la fonte des neiges, dans les fissures des rochers et sur les graviers humides. Mont-Mort ; Mont-Cubit ; pentes de la Chenalettaz, etc. Assez commun, surtout de 2460 à 2850 mètres.

12. **S. biflora,** All. Bords des torrents qui descendent des glaciers ; débris mouvants sur les éboulements marneux. Tzermontanaz ; Ardifagoz ; Moulenaz, etc., de 2300 à 2800 mètres.

Chrysosplenium.

1. **C. alternifolium,** L. Lieux humides parmi les arbustes. Entre Proz et le Bourg-de-St-Pierre, vis-à-vis du chalet du Cordonnier en face de la Lettaz. Guère au-dessus de 1750 mètres.

XXII. OMBELLIFÈRES.

Laserpitium.

1. **L. latifolium,** L. Prairies ; bois montagneux ; éboulis rocheux. Sur les deux versants de la montagne ; pas au dessus de la limite supérieure des forêts.

2. **L. panax**, Gouan., Gren. et God. **L. hirsutum**, Lam., Koch. **L. halleri**, All., Gaud. Çà et là dans les prés et les pâturages secs. La Pierraz; la Baux; vers le Couloir, etc., jusqu'à l'altitude de 2440 mètres.

Peucedanum.

1. **P. ostruthium**, Koch. umb. 95. **Imperatoria ostruthium**, L., Koch., Syn., Gaud. **Selinum imperatoria**, All., Rchb. Pâturages pierreux. La Pierraz; la Baux, etc. Commune dans les bords des jardins près du Plan de Jupiter. Altitude supérieure : 2470 mètres.

Heracleum.

1. **H. sphondylium**, L. Prés. Sur les deux versants de la montagne; pas au-dessus de la zône supérieure des forêts. Jusqu'à 1700 mètres environ.

Gaya.

1. **G. simplex**, Gaud., Koch. **Laserpitium simplex**, L. **Ligusticum simplex**, All. Gazons secs, sur les rochers. Autour du lac, etc. De 2300 à 2900 mètres.

Meum.

1. **M. athamanticum**, Jacq. **Athamanta Meum**, Lin. **Ligusticum Meum**, All., D. C. **Seseli Meum**, Scop., Rchb. Prés et pâturages. Commun dans les prés entre Proz et Fourtz; aux Lancettes; rare à la Pierraz, etc. Altitude de 1680 à 2500 mètres.

2. **M. Mutellina**, Gærtn., Koch. **Phellandrium Mutellina**, L. **Ligusticum Mutellina**, All., D. C., Gaud. Pâturages. Communément autour du lac; à la Combaz, etc. Elle se fait remarquer comme la reine des gazons. De 2100 à 2800 mètres.

Bupleurum.

1. **B. stellatum**, L. Pâturages, dans les bois. Au-delà des Contours; entre la Cantine et St-Rémi. Altitude : 1900 mètres.

2. **B. ranunculoïdes**, L. Pâturages sur les rochers. Plançades, en face de la Cantine de Proz, à l'altitude de 2050 mètres.

Pimpinella.

1. **P. magna**, L. Var. **rosea**, Koch. **P. rubra**, Hoppe. Prés et pâturages. Entre Proz et le Bourg-de-St-Pierre; je l'ai aussi trouvée à la Pierraz, mais en très-petite quantité. Généralement pas au-dessus de 1700 mètres.

Bunium.

1. **B. carvi**, Rich., Gren. et God. **Carum carvi**, L., Koch. **Seseli carum**, Scop. Commun dans les prés; moins fréquent dans les pâturages. La Pierraz; prés de Proz, etc. Jusqu'à l'altitude de 2100 mètres.

Ægopodium.

1. **Æ. podagraria**, L. **Sison podagraria**, Spreng. **Pimpinella angelicæfolia**, Lam., dict. Prairies; bords des chemins. Sur les deux versants de la montagne. Jusqu'à 1700 mètres. Cette espèce est très-commune dans tout le Bas-Valais.

Anthriscus.

1. **A. sylvestris**, L. Var. **tenuifolia**, D. C., Prod., Gren. et God. **Chærophillum alpinum**, Vill. Entre l'hospice et Proz, près du torrent, Murith, *Bot. val.*, pag. 21 et 60.

Chærophyllum.

1. **Ch. aureum**, L. Parmi les arbustes, à la lisière des bois; dans les prés. Sur le Grand St-Bernard.

2. **Ch. elegans**, Gaud. Lieux humides; prés. A la Pierraz, près du torrent, très-abondant près du chalet; à la Baux, etc. De 2000 à 2300 mètres.

3. **Ch. hirsutum**, L., Koch. Bords des ruisseaux; prés humides; pâturages humides, parmi les arbus-

tes. La Pierraz, commun aux bords des ruisseaux ; à la Baux, etc. Jusqu'à l'altitude de 2350 mètres.

Var. **cicutaria**, Gaud.?, var. **rosea**, Koch. Ombelles également rosées. Près du lac, en très-petite quantité. Altitude : 2460 mètres.

Astrantia.

1. **A. major**, L. Dans les prés. Sur les deux versants de la montagne. Pas au-dessus de 1850 mètres.

2. **A. minor**, L. Anfractuosités; gazons sur les rochers; ordinairement dans les expositions au nord. Très-commune, de la Combaz à l'hôpital, et surtout de 2000 jusqu'à 2500 mètres.

Eryngium.

1. **E. alpinum**, L. Environs du Bourg-de-St-Pierre, Murith. C'est la seule localité vraiment valaisanne indiquée dans le *Guide du Botan. en Valais*, par M. Murith ; j'ai trouvé cette plante dans les montagnes de Champéry et de Vouvry, dans le Bas-Valais.

XXIII. CAPRIFOLIACÉES.

Adoxa.

1. **A. Moschatellina**, L. Lieux humides. Pradaz tout près des chalets en ruines. Pas au-dessus de 1800 mètres.

Sambucus.

1. **S. raumosa**, L. Lieux rocailleux. Au bas de la montagne du Cret entre Proz et le Bourg-de-St-Pierre. Altitude : 1750 mètres, pas au-dessus.

Lonicera.

1. **L. cærulea**, L. Avec le *sambucus raumosa*, au bas du Crêt; aussi aux Lancettes. Guère au-dessus de 1750 mètres.

XXIV. RUBIACÉES.

Galium.

1. **G. anisophyllum,** Vill. **G. sylvestre,** var. **alpestre,** Koch, Gaud. Lieux arides ou pierreux. Rochers de la Baux; l'Ardifagoz; entre la Combaz et la Proz, etc., jusqu'à l'altitude de 2470 mètres.

Asperula.

1. **A. montana,** Rehb. Lieux arides. Assez rare; entre Menouve et St-Rémi, sur la pente méridionale du Mont-Mort. Altitude approximative: 1900 mètres.

2. **A. cynanchica,** L. Lieux arides exposés au soleil. Près de St-Rémi, etc. Guère au-dessus de 1800 mètres.

XXV. VALÉRIANÉES.

Valeriana.

1. **V. officinalis,** L. Prés humides. Près de St-Rémi. Altitude: 1630 mètres. Var. **angustifolia,** Koch, Gaud. Prés secs. La Lechère (val Ferret); elle se trouve aussi à Pradaz, mais en très-petite quantité.

2. **V. dioica,** L. Prairies humectées, ou sub-marécageuses. Sur le Grand St-Bernard, Gaud. Cette espèce ne doit pas se rencontrer au-dessus de la zône supérieure des bois; elle est très-commune dans le Bas-Valais.

3. **V. tripteris,** L. Lieux rocailleux; sur les rochers ombragés. Plançades, sur les rochers près de la Dranse; Pradaz, vers la cascade, etc., jusqu'à 2200 mètres.

4. **V. celtica,** L. Lieux escarpés. Sur les indications de M. Reuter, je l'ai cueillie assez abondamment dans les escarpements de Tzermanaire: elle est aussi indiquée sur les pentes de la Pointe-de-Dronaz. De 2470 à 2800 mètres.

XXVI. DIPSACÉES.

Scabiosa.

1. **S. lucida**, Vill. Pelouses herbeuses et fertiles, sur les rochers. La Baux, escarpement sous Mont-Cubit. Altitude : 2440 mètres.

2. **S. succisa**, L., Gaud. **Succisa pratensis**, Mœnch., Koch (ex-Reuter). En société avec le *S. lucida.*

XXVII. SYNANTHÉRÉES.

Sous-famille I. TUBULIFLORES.

Div. I. Corymbifères. — *Fleurs composées tantôt uniquement de* **fleurons** (**flosculeuses**), *tantôt de* **fleurons** *au centre et de* **demi-fleurons** *à la circonférence (radiées). Style non articulé et non renflé en nœud vers le sommet.*

Adnostyles.

1. **A. albifrons**, Rchb., Koch. **Cacalia albifrons**, L., Gaud. **C. petasites**, Lam. Lieux gras et humides; bords des torrents. Abondamment à la Pierraz, près du chalet; à Marengoz, etc. Guère au-dessus de 2100 mètres.

2. **A. alpina**, Bluff. et Fing., Koch. **A. glabra**, D. C. prod. **Cacalia alpina**, L., Gaud. Pâturages rocailleux, un peu humides. Au-dessus de la fontaine Potina, Tscholaire, etc. Altitude : 2480 mètres.

3. **A. hybrida**, D.C. Lieux rocailleux. Pentes de Mont-Mort; en face des lacs de Ferret; sur la moraine qui ferme le vallon de Dronaz, E.-M. Métroz.

4. **A. leucophylla**, Rchb. **Cacalia tomentosa**, Vill. Mêmes stations que la précédente; elle vit aussi en société avec elle. On la trouve pareillement près du glacier de Proz, et plus abondamment encore sur la croupe méridionale du Pic de Menouve, Altitude : 2480 mètres. Plante à feuilles blanches-cotonneuses

des deux côtés, ou plus rarement glabres et vertes en dessus seulement. (*A. hybrida*, D.C.)

Homogyne.

2. **H. alpina**, Cass., Koch. **Tussilago alpina**, L., Gaud. Pâturages, surtout lieux humides. A la Combaz; autour du lac; partout de 1900 jusqu'à 2700 mètres.

Petasites.

1. **P. niveus**, Baumg., Koch. **Tussilago nivea**, Vill., Gaud. Lieux humides; bords des ruisseaux. Pradaz, au bas des arbustes, près des masures. Altitude : 1850 mètres.

Tussilago.

1. **T. farfara**, L. Lieux argileux et humides; bords des torrents. Proz; les Places, etc. Pas au-dessus de 2200 mètres.

Solidago.

1. **S. virga-aurea**, L. Lisières des bois et forêts. Sur les deux versants de la montagne, jusqu'à 2500 mètres.

Erigeron.

1. **E. villarsii**, Bellardi. Prés et pâturages. A la Pierraz. Altitude : 2000 mètres.

2. **E. alpinum**, L. Pâturages fertiles, dans les lieux secs. La Pierraz; sur les rochers de la Baux, etc. Il est assez rare. Altitude moyenne : 2300 mètres. Fleurs femelles internes tubuleuses et nombreuses.

3. **E. glabratum**, Hopp., Koch. Gazons sur les rochers. Près de l'Hôpital; autour du lac; rochers de la Baux, etc., assez commun. Altitude moyenne : 2350 mètres. Fleurs femelles toutes ligulées. Péricline glabre ou peu velue.

4. **E. uniflorum**, L. Gazons sur les rochers. Avec les espèces précédentes; non commune. Fleurs fe-

melles toutes ligulées. Péricline très-velu-laineux. Calathide toujours unique et solitaire au sommet de la tige.

Aster.

1. **A. alpinus**, L. Lieux arides, sur les rochers. Mont-Cubit; rochers de la Baux, etc. Altitude moyenne : 2380 mètres.

Bellidiastrum.

1. **B. michelii**, Cass., Koch. **Doronicum bellidiastrum**, L. **Arnica bellidiastrum**, Wild. **Aster bellidiastrum**, Scop. **Margarita bellidiastrum**, Gaud. Graviers humides; gazons humectés. Le long de l'aqueduc; près de la Pierraz; à la Baux, etc. Altitude moyenne : 2500 mètres.

Aronicum.

1. **A. doronicum**, Rchb. **A. clusii**, Koch. Près des glaciers du Mont-Velan, E.-M. Métroz.

2. **A. scorpioides**, D. C., Koch. **Arnica scorpioides**, L., Gaud. Graviers et gazons humides. Très-fréquent autour du lac; à la Baux, etc. Altitude moyenne : 2450 mètres.

Arnica.

1. **A. montana**, L. Pâturages secs. La Baux; sous Mont-Cubit et la Pouillerie; près de la Pierraz, etc. Altitude moyenne : 2300 mètres.

Senecio.

1. **S. viscosus**, L. Lieux sablonneux et incultes; voisinage des charbonnières. Sur la pente méridionale du Mont-Mort, au bord du sentier qui conduit de Menouve à Barasson; près de St-Rémi. Assez rare. Altitude supérieure : 2000 mètres.

2. **S. tenuifolius**, Jacq., Gaud. **S. erucifolius**, Koch. Bois; haies; au-dessus du Bourg-de-St-Pierre, Murith.

3. **S. incanus**, L. Gazons arides, généralement sur les rochers. Près de la fontaine Potina; à l'Ardifagoz, etc. Altitude moyenne : 2470 mètres.

4. **S. doronicum**, L. Pelouses herbeuses et fertiles, dans les lieux pierreux. Près du Jardin-du-Valais; à la Baux, sous Mont-Cubit, etc. Altitude supérieure : 2470 mètres. Guère au-dessous de 2000 mètres.

Artemisia.

1. **A. absinthium**, L. Sur les murs; lieux incultes. Près de St-Rémi. Altitude : 1650 mètres.

2. **A. mutellina**, Vill. **A. rupestris**, All. Sur les rochers exposés au soleil. La Baux; l'Ardifagoz, etc. Altitude : 2440 mètres.

3. **A. glacialis**, L. Même station que l'*A. mutellina*. La Baux; près des glaciers de Proz et de l'Ardifagoz. Assez rare. Altitude moyenne : 2450 mètres.

4. **A. spicata**, Wulf. **A. boccone**, All. Lieux pierreux. Col de Menouve; Roches-polies; abondamment au Col-Fenêtre, etc. Altitude : 2470 mètres.

Leucanthemum.

1. **L. vulgare**, Lam., var. **montanum**. Dans les prés et les bois; à la lisière des forêts. Abondamment à la Pierraz, à Proz, à Pradaz, etc., jusqu'à 2400 mètres d'élèvation.

2. **L. alpinum**, Lam. **Chrysanthemum alpinum**, L., Gaud., Koch. **Pyrethrum alpinum**, Wild. Très-commun dans les pâturages, surtout dans les lieux sablonneux; sur les graviers humides aux bords des torrents. De 1800 à 2700 mètres d'élévation.

Matricaria.

1. **M. inodora**, L. **Chrysanthemuu inodorum**, L. Koch. Moissons et bords des routes. Au pied du château, avant d'arriver au Bourg-de-St-Pierre. Altitude : 1680 mètres.

Achillea.

1. **A. millefolium**, L. Lisières des bois; lieux incultes. Jamais au-dessus de la zône supérieure des forêts; à l'altitude de 1780 mètres.

Var. **alpina**, N. Plante de 10 à 15 centimètres; tige ascendante; fleurs purpurines, plus rarement d'un blanc un peu sale. Pâturages secs; sur les graviers. Commune à Proz; à la Pierraz, etc. Altitude moyenne : 1950 mètres.

2. **A. serrata**, Retz. **A. alpina**, Parlatore, *Viag. al Gran San Bernardo*, non L. Pâturages. Entre l'aqueduc et le lac; elle n'y fleurit presque jamais. Je l'ai cueillie en fleurs à la fin de septembre dans un jardin de la Pierraz où je l'avais transplantée.

3. **A. macrophylla**, L. Gazons fertiles entre les mamelons de rochers; parmi les arbustes. A l'Hôpital, à gauche du torrent (la Dranse); à la Laivraz; à Pradaz. Altitude extrême : 2100 mètres.

4. **A. moschata**, Wulf. Pâturages; lieux humides entre les rochers. Très-commune autour du lac, etc. Altitude moyenne : 2400 mètres.

5. **A. atrata**, L. Rochers humectés; bords des ruisseaux. Sur le Grand St-Bernard, Murith.

6. **A. nana**, L. Lieux rocailleux; graviers. Tzermettaz; Tzermanaire; l'Ardifagoz; Chenalettaz, etc. De 2350 à 2800 mètres.

Corvisartia.

1. **C. helenium**, Merat. l. c. **Inula helenium**, L. Prairies, pâturages humides. Pradaz, très-rare, E.-M. Métroz.

Gnaphalium.

1. **G. sylvaticum**, L. Prés et pâturages un peu secs. A la Baux, à la Pierraz. Altitude supérieure : 2350 mètres.

2. **G. norvegicum**, Guenner, *Fl. norveg.*, Koch. **G. fuscatum**, Pers. **G. fuscum**, Lam. (non Scop.). Pâturages escarpés. La Baux; sous Mont-Cubit; au Couloir, etc. Non commune. Altitude : 2350 mètres.

3. **G. supinum**, L., Koch. **G. pusillum**, Hænk., Gaud. Bords des chemins; lieux un peu humides. Très-commun de 2100 à 2700 mètres d'élévation.

Var. **pusillum**, Pers. **G. pusillum**, Wiid. Une calathide solitaire au sommet de chaque tige. Près de l'hospice, avec le *G. supinum*. Assez rare.

Antennaria.

1. **A. carpatica**, Bluff. et Fing., D.C. **Gnaphalinm carpaticum**, Vahl., Koch. **Gnaphaliun alpinum**, Vill., Gaud. Escarpements humides; lieux pierreux. Mont-Cubit. Assez rare. Altitude : 2460 mèt. Stolons nuls.

2. **A. dioica**, Gærtn., Gren. et God. **Gnaphalium dioicum**, L., Koch. Prés arides; pâturages secs; gazons pierreux, parmi les arbustes. La Pierraz; les Plançades; assez commune jusqu'à 2460 mètres d'élévation. Stolons grêles, couchés, radicants.

Leontopodium.

1. **L. alpinum**, Cass. dist. sc. nat., D.C., prod. **Filago leontopodium**, Scop., Koch. **Antenaria leontopodium**, Garh. Pâturages arides; lieux rocailleux. Entre la Baux et la Cantine; à l'Ardifagoz; parmi les cailloux épars, au Nord du Pain-de-Sucre près de la sommité, etc. Altitude moyenne : 2550 mètres.

Div. II. CYNAROCÉPHALÉES. — *Fleurs uniquement composées de* **fleurons** *(flosculeuses), c'est-à-dire à corolle tubuleuse. Styles des fleurs hermaphrodites articulés et renflés en nœud vers le sommet.*

Cirsium.

1. **C. spinosissimum**, Scop., Koch. Très-fréquent dans les pâturages, surtout dans les lieux humides.

Entre l'aqueduc et le lac; à la Combaz, au bas du Jardin-du-Valais; à la Baux, etc. De 2000 à 2500 mètres d'élévation.

Carduus.

1. **C. personata**, Jacq. Prés humides. Assez rare à la Baux; plus commune près du Bourg-de-St-Pierre. Limite supérieure : 2300 mètres.

2. **C. defloratus**, L. Pâturages secs. Çà et là sur toute la montagne; la Baux, sous Mont-Cubit, etc., jusqu'à 2450 mètres d'élévation.

Centaurea.

1. **C. nervosa**, Willd., Koch. **C. phrygia**, Gaud. Prés et pâturages. Abondamment à la Pierraz, etc. Altitude : 2000 mètres.

Saussurea.

1. **S. alpina**, D C., Koch. **Serratula alpina**, L. Pelouses herbeuses. Au-delà du Jardin-du-Valais; entre la Combaz et Tschalaire. Très-rare. Altitude : 2350 mètres.

Sous-famille II. LIGULIFLORES.

Div. III. CHICORACÉES. — *Fleurs toutes composées de* **demi-fleurons** *(semiflosculeuses), c'est-à-dire* **ligulées** *et hermaphrodites. Style non rentré inarticulé, à branches filiformes ordinairement recourbées, puberculentes.*

Hypochæris.

1. **H. maculata**, L. Pâturages dans les lieux pierreux, parmi les arbustes. Bourg-de-St-Pierre, près de la Chapelle de Lorette; St-Bernard, Murith.

Leontodon.

1. **L. autumnale**, L. **Apargia autumnalis**, Hoffm., Gaud. Sur le Grand St-Bernard, Gaud.

Var. **pratense,** Koch. **Oporinia pratensis,** Less. Syn. **Apargia pratensis,** Link. **Leontodon pratense,** Rehb. Prés et pâturages secs. Abondamment à la Pierraz; à la Baux, etc. Limite supérieure : 2300 mètres.

Var. **alpinum,** Gaud. Lieux humides ou marécageux. Beaucoup plus rare que la var. *pratense.* Pédoncules uniflores; péricline hérissé de poils noirs.

2. **L.** *(oporinia)* **pratense,** var. **Reuteri,** D.C., ex-Reuter. Pelouses herbeuses et pâturages. Au-dessus de la fontaine Potina. Altitude moyenne : 2400 mèt.

3. **L. taraxaci,** Lois., Koch. **L. montanum,** Lam. **Hyeracium taraxaci,** All. **Apargia taraxaci,** Willd., Gaud. Pâturages sur les débris des rochers. Pentes de la Chenalettaz, un peu au-dessus de l'aqueduc. Très-rare. Altitude : 2500 mètres.

4. **L. pyrenaicum,** Gouan., Koch. **Apargia alpina,** Willd., Gaud. **Picris saxatilis,** All. **Oporinia pyrenaica,** Schultz, bip. Pâturages. Communément de 2000 à 1700 mètres d'élévation.

5. **L. hastile,** var. **opimum,** Koch. Pelouses herbeuses, prés et pâturages un peu secs. Pradaz, près de la cascade, etc. Altitude moyenne : 2100 mètres.

Taraxacum.

3. **T. afficinale,** Wigg. **T. dens leonis,** Desf. **Leontodon taraxacum,** L. Prairies et pâturages. Sur les deux versants de la montagne, jusqu'à 2600 mètres d'élévation.

Var. **alpinum,** Koch. Lieux secs et exposés au soleil; pelouses de mousse sur les graviers. Autour du lac; près de Mont-Cubit, etc. Altitude moyenne : 2400 mètres.

Obs. On cultive dans les jardins de la Pierraz et dans les terre-pleins (jardins) près de l'hospice la *Lactuca sativa,* L. (Laitue).

Prenanthes.

1. **P. purpurea**, L. **Chondrilla purpurea**, Lam. Forêts et lieux humides parmi les arbustes. A la Laivraz, et probablement sur le versants italien. Pas au-dessus de 2000 mètres.

Mulgedium.

1. **M. alpinum**, Less., Gren. et God. **Sonchus alpinus**, L., Koch. **S. montanus**, Lam. **S. cærulescens**, Smith. **Hieracium cæruleum**, Scop. Lieux ombragés parmi les arbustes. Entre la Cantine de Proz et le Bourg-de-St-Pierre; à Fourtz; à la Laivraz. Assez rare. Pas au-dessus de 1900 mètres.

Crepis.

1. **C. aurea**, Cass., Koch. **Hieracium aureum**, Scop., Vill. **Leontodon aureum**, L. Prés et pâturages un peu humides. Autour du lac; la Pierraz; la Baux; très-commune jusqu'à 2500 mètres d'élévation.

2. **C. paludosa**, Mœnch. Lieux humides et marécageux. Entre Proz et le Bourg-de-St-Pierre. Altitude : 1650 mètres.

3. **C. grandiflora**, Fausch. Pâturages fertiles. Ardifagoz et Pradaz. Très-rare. Altitude : 2150 mètres.

Hieracium.

1. **H. pilosella**, L. Bords des chemins; lisières des forêts; lieux arides. Plançades, près de St-Rémi, etc. Pas au-dessus de 2000 mètres.

Var. **pilosissimum**, Fries. **H. peleterianum**, Merat. Stolons très-courts. Entre la Cantine et St-Rémi; vers la cascade de Pradaz, Métroz.

2. **H. aurantiacum**, L. Prairies des hautes montagnes. Il n'est pas rare à la Pierraz et à Pradaz. Altitude supérieure : 2000 mètres.

3. **H. auricula**, L. **H. dubium**, Willd., Gaud. Prés et pâturages. Très-fréquent près de St-Rémi, etc. Guère au-dessus de 2000 mètres.

Var. **alpina**, Calathides 1-2; stolons nuls. Pâturages secs dans les lieux élevés. Près de Mont-Cubit: à l'Ardifagoz; près du Col-Fenêtre. De 2000 à 2700 mètres d'élévation.

4. **H. glaciale**, Lachen., Friess. **H. aagustifolium**, Hop., Koch. Prairies et pâturages; lieux secs. Plan de Jupiter; la Baux; au bas de Tzermanaire; abondant à la Pierraz, etc. De 2000 à 2500 mètres.

5. **H. staticefolium**, Vill., Koch. Graviers aux bords des torrents; Proz. Très-rare. Altitude : 1800 mètres.

6. **H. glanduliferum**, Hop. Koch. Pâturages arides. Çà et là près Mont-Cubit; autour du lac, etc. Altitude : 2460 mètres.

7. **H. piliferum**, Poppe. **H. schraderi**, Koch., Gaud. Pâturages arides. Abondant aux prés de la Pierraz; çà et là dans les gazons escarpés du Couloir, de la Baux, etc. Dans les pelouses fertiles, sur les escarpements au-dessous de Mont-Cubit, on trouve une forme particulière de cette espèce à tige de 3-4 décimètres tantôt simple, plus souvent 2-4 furquée à calathide solitaire au sommet de chaque pédoncule et au sommet de la tige. De 1900 à 2460 mètres. La forme particulière, à l'altitude de 2430 mètres.

8. **H. villosum**. L., Koch. Pelouses fertiles dans les lieux pierreux. Sous Mont-Cubit; aux Combes; à l'Ardifagoz. Altitude moyenne : 2300 mètres.

9. **H. longifolium**, Schleich., Koch. **H. cerinthoides**, L., Gren. et God. **H. flexuosum**, Gaud. Pâturages graveleux. Entre Proz et le Bourg-de-St-Pierre, près cette dernière localité. Altitude : 1680 mètres.

10. **H. alpinum**, L., var. **Genuinum**, Koch. Pâturages; dans les anfractuosités des rochers. Près de

l'hospice, le long de l'aqueduc, etc. Altitude : 2470 mètres.

Var. **pumilum**, Koch. **H. pumilum**, Hop. Pâturages. Mont-Mort, près de la Morgue. Plan-des-Gouilles ; Col-Fenêtre, etc. Altitude moyenne : 2550 mètres.

Var. **Halleri**, Koch. **H. halleri**, Hop., Gaud. Pelouses herbeuses et fertiles sur les rochers. Sommet de la Combaz; près de l'hospice, etc. Altitude moyenne : 2470 mètres.

11. **H. murorum**, L. Pelouses fertiles, sur les rochers. Lieux escarpés sous Mont-Cubit; la Pierraz, etc. Pas au-dessus de 2430 mètres.

XXVIII. CAMPANULACÉES.

Jasione.

1. **R. muntana**, L. Côteaux et pâturages arides. Assez rare près de St-Rémi et sur le sentier entre Menouve et Barasson (chalet). Guère au-dessus de 1700 mètres.

Phytheuma.

Capitules hémisphériques ou globuleux pendant l'anthèse, puis quelquefois ovoïdes.

1. **P. hemisphæricum**, L. Très-commune dans les pâturages. Autour du lac, etc. De 1700 jusqu'à 2900 mètres d'élévation.

2. **P. scheuchzeri**, Koch. **P. charmelii**, Vill. **P. corniculatum**, Clairr., Gaud. Fissures des rochers; lieux arides. St-Bernard, près de l'Hôpital, Murith.

3. **P. orbiculare**, L. Prés et pâturages. La Pierraz; Proz, etc. Pas au-dessus de 2400 mètres.

Capitules d'abord ovoïdes, puis cylindriques.

4. **P. betonicifolium**, Vill. Pâturages; pelouses herbeuses sur les rochers. Assez rare à la Pierraz; plus

commune au-dessus de St-Rémi. Altitude moyenne : 1900 mètres. Fleurs bleues.

5. **P. spicatum,** L. Dans les prés ; lisières des forêts. A la Pierraz ; sur les deux versants de la montagne. Altitude moyenne : 1800 mètres. Fleurs d'un bleu jaunâtre.

Campanula.

1. **C. barbata,** L. Prés ; pâturages ; pelouses sur les rochers. Près de l'hospice ; à la Pierraz ; à la Baux, etc. De 1700 jusqu'à 2480 mètres.

2. **C. glomerata,** var. **aggregata,** Koch. **C. aggregata,** Willd., Rchb. Prés et lieux secs. Près de St-Rémi. Je ne l'ai pas observée au-dessus de 1700 mètres.

3. **C. thyrsoidea,** L. Pelouses herbeuses sur les rochers. L'Ardifagoz. Assez rare. Altitude : 2350 mètres.

4. **C. rhomboïdalis,** L. Prés et pâturages. La Baux ; la Pierraz, etc. Altitude moyenne : 2200 mètres.

5. **C. rotundifolia,** L. Murs ; lieux incultes ; bois et pâturages. Assez commune dans nos vallées ; se trouve non loin des villages sur les deux versants de la montagne. Guère au-dessus de 1700 mètres.

6. **C. pænina,** Reuter. Diagnose : « Caulibus diffuadscendentibus paucifloris, foliis radicalibus paucis parvisque subcordato-ovatis obscure crehatis subaveniis vel ovato-lanceolatis. Calycis lobis lineari-subulatis supatulis tubo duplo vel triplo longioribus. Corollæ latæ campanulatæ lobis latis brevibus. » Voisine de la *C. rotundifolia,* L., dont elle diffère par les tiges plus basses, diffuses, les feuilles radicales petites, à peine en cœur à la base, obscurément crénelées ou presque entières, la corolle largement campanulée, moins rétrécie inférieurement, à lobes plus courts et moins profonds. — Sur un terrain schisteux, entre la Cantine de Proz et le Bourg-de-St-Pierre, à côté du chemin (ita Reuter).

7. **C. scheuchzeri**, var. **glabra**, Vill., Koch. Pâturages ; anfractuosités des rochers. Autour du lac, etc. Altitude moyenne : 2400 mètres.

Var. **hirta**, Koch. **C. valdensis**, All., Gaud. **C. uniflora**, Vill. (non L.) Lieux plus secs que l'espèce jenuine. La Baux, etc. Altitude : comme la *C. scheuchzeri.*

8. **C. pusilla**, Hænk., Koch., Gaud. **C. cæspitosa**, Vill. Sur les graviers et dans les lieux pierreux. Proz, le long du torrent, etc. Altitude : 1850 mètres.

Var. **flore-albo**, Gaud. Au Dahier, entre Proz et le Bourg-de-St-Pierre, J.-B. Darbellay. J'y ai cherché en vain cette variété.

9. **C. gracilis**, Jordan, ex-Reuter. Débris schisteux. Entre Proz et le Bourg-de-St-Pierre. Altitude : 1700 mètres.

XXIX. VACCINIÉES.

Vaccinium.

Corolle ovoïde ou globuleuse ; feuilles caduques.

1. **V. myrtillus**, L. Abondamment dans les bois et sur les côteaux des deux versants de la montagne, jusqu'à l'altitude de 2200 mètres.

2. **V. uliginosum**, L. Très-commun dans les lieux tourbeux et humides. Près de la Pierraz et partout, cà et là jusqu'à l'altitude de 2580 mètres.

Corolle campanulée ; feuilles persistantes.

3. **V. vitis-idæa**, L. Parmi les arbustes. Aux Plançades. Altitude supérieure : 2050 mètres. Corolle blanche ou rosée; baie globuleuse, rouge, acidule.

XXX. ERICINÉES.

Arctostaphylos.

1. **A. alpina**, Spreng., Koch. **Arbutus alpina**, L. Lieux secs et pierreux. Au bas du vallon Tzermettaz ; entre

le glacier de Proz et Menouve. Assez rare. Altitude moyenne : 2350 mètres.

2. **A. officinalis**, Wimm et Grab., Koch. **Arbustus Uva-Ursi**, L. En grande quantité sur les côteaux, à la zône supérieure des forêts. Plançades, etc. Guère au-dessus de 2250 mètres. Ce sous-arbrisseau a l'aspect du *Vaccinium vitis-idea*, dont on le distingue facilement par ses feuilles réticulées-veineuses en dessous, non ponctuées et à bord non roulé en dehors. Koch.

Calluna.

1. **C. vulgaris**, Salib., Koch. **Erica vulgaris**, L. Tourbières; pâturages parmi les arbustes. Abondamment aux Plançades, etc., jusqu'à l'altitude de 2250 mèt.

Loiseleuria.

1. **L. procumbens**, Desv., D. C. prod. **Azalea procumbens**, L., Koch. Les fleurs roses de cet élégant sous-arbrisseau. à tige couchée, ornent les pâturages arides sur les rochers du Plan de Jupiter, de Dronaz, de Brasson, etc. Altitude moyenne : 2350 mètres.

Rhododendrum.

1. **R. ferrugineum**, L. Très-commun à la lisière des bois et dans les pâturages, jusqu'à l'altitude de 2200 mètres. Les fleurs qui charment la vue et embellissent le paysage disparaissent dans le courant de juillet.

XXXI. PYROLACÉES.

Pyrola.

1. **P. minor**, L., Koch. **P. rosea**, Smith. Lieux ombragés, un peu humides. Entre le glacier de Proz et Menouve. Non commune. Altitude approximative : 2480 mètres. Style droit, ne dépassant pas la corolle ; fleurs petites, rosées.

2. **P. secunda**, L., Koch. Près du glacier de Proz, avec la *P. minor*. Style droit, plus long que la corolle; fleurs petites, d'un blanc verdâtre.

TROISIÈME SOUS-CLASSE

COROLLIFLORES

XXXII. LENTIBULARIÉES.

Pinguicula.

1. **P. vulgaris**, L. Bords des rigoles; lieux humides et tourbeux. Près de la Pierraz; Proz, etc. Très-commun. Guère au-dessus de 2300 mètres. Fleurs violettes.

2. **P. grandiflora**, Lam. Pâturages humides. Tronchets et au-dessus. Très-rare. Fleurs grandes, violettes, marquées à l'intérieur de deux taches blanches. Altitude : 2250 mètres.

3. **P. alpina**, L. Lieux spongieux ; rochers humides L'Ardifagoz, au-delà du torrent; Valsorey. Asse rare. Altitude : 2350 métres. Fleurs blanchcs, mar quées à la gorge de deux taches jaunes, quelque foi purpurines.

XXXIII. PRIMULACÉES.

Primula.

1. **P. officinalis**, Jacq. Dans les prés. Aux Novalles à Terredaz, etc. Pas au-dessus de 2000 mètres.

2. **P. farinosa**, L. Commune dans les prés et les pâ turâges marécageux ou tourbeux. Proz; la Baux Pradaz, etc., jusqu'à 2350 mètres d'élévation.

3. **P. villosa**, Jacq., Koch. **P. viscosa**, Vill. Partout sur les rochers, surtout dans les fissures humectées par l'eau provenant de la fonte des neiges. Sur toute la montagne, jusqu'à 2900 mètres d'élévation.

Androsace.

1. **A. glacialis**, Hopp., Schleich. **A. pænina**, Gaud. **A. alpina**, Lam., Koch. Graviers, débris de rochers; légères couches d'humus; rarement dans les lieux secs. Mont-Mort, près du lac; pentes de la Chenalettaz ; Col-Fenêtre, etc., etc.

2. **A. pubescens**, D.C., Koch. **A. alpina**, Gaud. Sur le Grand St-Bernard, Gaud., Murith.

3. **A. carnea**, L. Lieux arides, sur les rochers. Mont-Cubit; Couloir, etc. Altitude moyenne: 2300 mètres. Elle fleurit bientôt après la fonte des neiges.

4. **A. obtusifolia**, All. Gazons sur les rochers. Très-commune autour du lac; à Mont-Cubit; au Plan de Jupiter, etc. Altitude moyenne : 2400 mètres.

5, **A. obtusifolio-glacialis**, Reuter. Près du lac, du côté du Piémont, Reuter. Diagnose : « A tota tenuiter stellulato-hirtella, caudiculis elongatis repentibus ramosis filiformibus; foliis loxè rosulatis lanceolato-oblongis basi longė angustatis ; scapis rigidulis foliis duplo longioribus aliis simplicibus aliis umbelliferis; calycis lobis triangulari-acutis, corollæ lobis ovato-subrotundis integris. Flores carnei ; fructus steriles. » Elle est évidemment hybride entre les *A. glacialis*, Hopp. et *A. obtusifolia*, All., au milieu desquelles elle croît. Elle diffère de l'*obtusifolia* par les souches allongées et rameuses, les feuilles plus étroites, les scapes les uns simples et les autres terminés par une ombelle de trois à quatre fleurs, par les folioles involucrales, semblables aux feuilles radicales, quoique plus petites, enfin par ses fleurs roses ; de la *glacialis*;

par les feuilles deux fois plus grandes, les scapes dépassant longuement les feuilles, et dont quelques-uns sont terminés par une ombelle (ita Reuter).

Soldanella.

1. **S. alpina**, L., Koch. **R. montana**, Lesq. et Lam., Boreau. (non Willd.). Lieux humectés par l'eau provenant de la fonte des neiges auxquelles elle succède sans retard. Autour du lac; la Baux, etc. De 1700 jusqu'à 2700 mètres.

XXXIV. GENTIANACÉES.

Gentiana.

1. **G. lutea**, L. Prés et pâturages. Entre Proz et le Bourg-de-St-Pierre; Menouve; près de St-Rémi, etc. Guère au-dessus de 1850 mètres.

2. **G. purpurea**, L., Koch. Pelouses herbeuses et fertiles. Autour du lac; près de la Pierraz; la Baux, etc. Assez commune de 1800 à 2500 mètres.

3. **G. punctata**, L., Koch. Pelouses herbeuses. Mont-Mort; près du lac; Chenalettaz; près du glacier de Dronaz. Assez rare. Altitude moyenne: 2500 mètres.

4. **G. kochiana**, Pers. et Seng. **G. excisa**, Koch (ex-parte). Pâturages. Autour du lac; pentes herbeuses de la Baux, près de la Pierraz, etc. Très-commune, de 2000 à 2700 mètres. C'est sans doute à cette espèce que doivent être rapportées les *G. acaulis* et *alpina*, indiquées sur le Grand St-Bernard par Murith et Gaudin.

5. **G. bavarica**, L. Prés et pâturages humectés ou humides; bords des rigoles et des ruisseaux. Au pied du Mont-Mort, près du lac; à la Baux; à Pradaz; à Proz, etc., de 1700 à 2500 mètres.

Var. **imbricata**, Koch. **G. imbricata**, Schleich. (non Frölich). Fleurs sessiles ou presque sessiles au centre de la rosette. Cette charmante variété croît ordinairement en larges touffes sur les légères couches d'humus qui recouvrent les hauts sommets du Grand St-Bernard. Abondamment à la Chenalettaz; au Col-Fenêtre, etc. Elle végète gaîment à l'altitude de 2750 mètres.

6. **G. verna,** L. Prés et pâturages un peu humides; parfois dans les pelouses sèches. La Pierraz; Pradaz, etc., jusqu'à 2470 mètres d'élévation.

7. **G. brachyphylla,** Vill., Koch. Pâturages humectés. Abondamment sur les pentes de la Chenalettaz; près du lac; à l'Ardifagoz, etc. Altitude: de 2000 jusqu'à 2700 mètres d'élévation. J'ai trouvé près du lac et à la Baux des échantillons de cette espèce ayant les lobes des corolles admirablement étroits.

Var. **flore-alba.** Dans un lieux spongieux, aux Plançades. Cette variété jaunit par la dessication.

N. B. On trouve parfois des échantillons intermédiaires qui paraissent prouver que la *G. brachyphylla* n'est qu'une variété de la *verna*, Gren. et God., *Flore de France*, ne l'admettent en effet que comme une variété.

N. B. M. Murith, *Bot. val.*, indique sur les pointes entre le St-Bernard et le Val-Ferret, la *G. pumilla*, Jacq. J'ai souvent parcouru ces localités sans jamais y rencontrer cette espèce.

8. **G. campestris,** L. Dans les prés et les pâturages arides. La Pierraz; les Plançades; la Baux, etc., jusqu'à 2460 mètres d'élévation.

9. **G. tenella,** Rottbel., Gren. et God. **G. glacialis,** Ab. Thomas in Vill., Koch. Pelouses sèches et pâturages. A l'Ardifagoz; Plan de Jupiter; au Valsorey. Très-rare. Altitude : 2460 mètres.

10. **G. nivalis, L. G. minima,** Vill. Pelouses herbeuses; prés et pâturages. Près du lac; la Baux; la

Pierraz; Proz, etc. De 1800 jusqu'à 2600 mètres d'élévation.

XXXV. CONVOLVULACÉES.

Convolvulus.

1. **C. arvensis**, L. Bords des chemins, dans le voisinage des champs. Près des villages sur les deux versants de la montagne. Pas au-dessus de 1700 mètres.

Cuscuta.

1. **C. europæa**, L. **C. major**. D. C. **C. vulgaris**, Pers. Prés et lieux incultes. La Pierraz; Proz, etc. Parasite sur l'*urtica dioïca*, etc. Altitude supérieure: 2000 mètres.

XXXVI. BORRAGINÉES.

Echium.

1. **E. vulgare**, L. Lieux arides et sur les murs. Près du Bourg-de-St-Pierre et de St-Rémi. Pas audessus de 1700 mètres.

Myosotis.

1. **M. hispida**, Schlecht., Koch. **M. collina**, Rchb. Lieux arides. Au bas du pré de la cure, avant d'arriver à St-Rémi. Altitude: 1700 mètres. Cette espèce est commune à Fully (Bas-Valais), sur le côteau des Folataires.

2. **M. alpestris**, Schmidt, Gaud. Très-commune dans les pâturages. Autour du lac; au Plan de Jupiter; sur les pentes de la Baux, etc. De 1800 jusqu'à 2500 mètres.

Var. **lactea**, Fleurs d'un bleu de lait. Pelouses herbeuses sur les rochers. Çà et là sur les pentes escarpées de la Baux; à l'Ardifagoz, etc. Altitude: 2400 mètres.

Asperugo.

1. **A. procumbens**, L. Dans les jardins de la Pierraz. Altitude : 2000 mètres.

XXXVII. VERBASCÉES.

Verbascum.

1. **V. montanum**, Schrad., Koch. **V. crassifolium**, Schleich., Gaud. Lieux incultes. Près St-Rémi; très-rare. Altitude : 1630 mètres. — Un peu plus bas on trouve le *V. Thapsus* et *Lychnitis*.

XXXVIII. SCROPHULARIACÉES.

Cette famille renferme une partie des **Verbascées**, les **Antirrhinées** et les **Rhinanthacées** du Synopsis de Koch.

§ 1. *Corolle à préfloraison imbricative, à lèvre postérieure enveloppant les autres. Capsule s'ouvrant par des pores ou des valves.*

Scrophularia.

1. **S. nodosa**, L. Lieux humides; bords des eaux. Près de St-Rémi. Altitude : 1640 mètres.

Linaria.

1. **L. italica**, Trev. **L. genistifolia**, D.C. **L. angustifolia**, Rchb. **Antirrhinum Bacchini**, Gaud. Lieux arides et incultes. Près de St-Rémi; très rare. Moins rare, entre Bossaz et Cerisai. Altitude : 1630 mètres.

2. **L. alpina**, D.C., Koch. **Antirrhinum alpinum**, L., Gaud. Débris de rochers ; graviers. Mont-Mort ; Tzermanaire; Chenalettaz, etc. Assez commune à l'altitude de 2650 mètres.

§ 2. *Corolle à préfloraison imbricative, à lobe postérieur toujours enveloppé par les autres. Capsule bivalve.*

a. Corolle rotacée ou campanulée; anthères mutiques.

Veronica.

1. **V. chamædrys,** L. Pâturages; bords des bois; lieux secs. A la Perche: aux Contours. Entre la Cantine et St-Rémi. Pas au-dessus de 2000 mètres.

2. **V. beccabunga,** L. Bords des eaux; lieux marécageux. La Pierraz; Proz; la Baux, etc., jusqu'à 2470 mètres d'élévation.

3. **V. aphylla,** L. **V. subacaulis** et **nudicaulis,** Lam. **V. depauperata,** Rehb. Pâturages. Proz; au bas des lacs du Col-Fenêtre, près du sentier, etc. De 1700 jusqu'à 2600 mètres.

4. **V. officinalis,** L. Pâturages, lieux ombragés par les arbustes. Plançades, sous Crêt-de-Dent. Altitude supérieure : 2000 mètres.

5. **V. saxatilis,** Jacq., Koch. Pelouses herbeuses, dans les lieux exposés au soleil. Près de la Pierraz; aux Plançades; à la Baux, etc. Très-commune, de 2000 jusqu'à 2460 mètres. Je n'ai pas observé sur le Grand St-Bernard la *V. fruticulosa,* L., que Gaudin, *Flore helvétique*, y indique.

6. **V. bellidoides,**. L. Pâturages secs. Plan de Jupiter; pentes de la Baux; vis-à-vis du Bras; Plançades, etc. Assez commune de 2000 à 2480 mètres.

7. **Valpina,** L. Sur les rochers et dans les pâturages. Près de l'hospice, le long de l'aqueduc, etc. Assez commune. Altitude : 2480 mètres.

8. **V. numularioides,** Lecoq et Lam., Reuter. **V. serpyllifolia,** var. **auct.** Rigoles, lieux humides. Commune le long de l'aqueduc, etc. Altitude : 2470 mètres.

9. **V. arvensis,** L. Lieux stériles et exposés au soseil. Au bas du pré de la cure, près du chemin, avant

d'arriver à St-Rémi. Très-rare dans cette localité. Altitude : 2700 mètres. Cette espèce est plus commune dans les cultures et les champs stériles de nos vallées.

b. Corolle bilabiée, à lèvre supérieure en casque ou concave, dressée ; anthères ordinairement appendiculées à la base (Rhinanthacées, Koch).

Euphrasia.

1. **E. officinalis,** L. Pelouses sèches ; prés ; pâturages. La Pierraz ; Plançades ; la Baux, etc. Commune sur les deux versants de la montagne, jusqu'à l'altitude de 2350 mètres.

2. **E. minima,** Schleicher. Gazons secs. Près de l'hospice ; au Plan de Jupiter ; entre la Combaz et le bras, près du chemin, etc. De 1900 jusqu'à 2480 mètres.

Bartsia.

1. **B. alpina,** L. Pelouses herbeuses ; graviers humides. Autour du lac ; Mont-Cubit ; la Baux ; près de l'Hôpital, etc. Très-fréquent, de 2000 jusqu'à 2500 mètres.

Rhinanthus.

1. **R. major,** Ehrh., Koch. Prés et pâturages humides. Entre les Contours et St-Rémi. etc. Altitude : 1750 mètres.

2. **R. minor.** Ehrh., Koch. Prés et pâturages. La Pierraz, etc. Altitude : 2000 mètres.

Pedicularis.

1. **P. verticillata,** L. Pelouses et pâturages. Près du lac ; bords du chemin depuis le lac à Mont-Cubit, etc. Très-commune à l'altitude de 2460 mètres.

2. **P. foliosa,** L. Pentes herbeuses et fertiles. La Baux. Altitude : 2360 mètres.

3. **P. recutita**, L. Prés humides; gazons humectés, parmi les arbustes. La Baux; la Laivraz, etc. Altitude moyenne : 2200 mètres.

4. **P. palustris**, L. Prés marécageux. Proz; Pradaz. Altitude : 1740 mètres.

5. **P. incarnata**, Jacq. Prés et pâturages; préférablement dans les lieux pierreux. Commune à la Baux. Altitude : 2300 mètres.

6. **P. atrorubens**, Schleich., Koch. **P. pænina**, Gaud. **P. recutito-incarnata**, Muret. Prés et pâturages. La Baux. Altitude : 2300 mètres.

7. **P. gyroflexa**, Vill. Pâturages. L'Ardifagoz, Leresche; au bas des lacs du Col-Fenêtre, près du sentier, Muret.

8. **P. rostrata**, L. Lieux humides, sur les rochers; pâturages. Autour du lac, etc. Très-commune partout, de 2000 jusqu'à 2800 mètres.

9. **P. tuberosa**, L. Prés et pâturages secs. La Pierraz; l'Ardifagoz; la Baux, etc. Assez fréquente, de 1900 à 2400 mètres.

10. **P. tuberosa-incarnata**, Muret. Prés et pâturages. La Baux, De la Soie.

Melampyrum.

1. **M. sylvaticum**, L. Bois; lisières des forêts. Sur les deux versants de la montagne; abondamment près de St-Rémi; Dronaz, un peu au-dessus du parc. Altitude supérieure : 2100 mètres.

XXXIX. LABIÉES.

Thymus.

1. **Th. serpyllum**, L. Lieux arides exposés au soleil. Mont-Cubit; la Baux; la Pierraz, etc. Commun jusqu'à 2460 mètres d'élévation.

Calamintha.

1. **C. alpina**, Lam., Koch, Gaud. **Thymus alpinus**, L. **Accinos alpinus**, Mœnch. Lieux secs exposés au soleil. La Pierraz; Proz; Pradaz, etc. Altitude supérieure : 2200 mètres.

Lamium.

1. **L. amplexicaula**, L. Dans les terre-pleins (jardins). Près du lac et à la Pierraz. Assez rare.

2. **L. purpureum**, L. Abondamment dans les jardins de la Pierraz, près de la grange et dans les terre-pleins (jardins) le long de l'aqueduc, près de l'hospice.

Galeopsis.

1. **G. intermedia**, Vill. **G. ladanum, II latifolia**, Gaud. Bords des chemins; pâturages. Près de St-Rémi; à la Pierraz; entre Proz et le Bourg-de-St-Pierre; dans les champs avant d'arriver au Bourg-de-St-Pierre. De 1630 à 2000 mètres d'élévation.

2. **G. Tetrahit**, L. Décombres; bords des chemins. Sur les deux versants de la montagne. Guère au-dessus de 1800 mètres.

3. **G. Reichenbachii**, Reuter. **G. Tetrahit**, Reich. Voisinage des chalets. La Pierraz, etc. Altitude de 1700 à 2000 mètres. Diagnose : « G. caule erecto ad nodos incrassato crebro setoso piloso, foliis ovatis parcè villosis basi rotundato-subtruneatis breviter acuminatis grossè et obtusi dentatis dentibus utrinque 5-10, verticillatis multifloris superioribus contiguis, calycis tubo campanulato lobis linearisubalatis spinecescentibus tubo longioribus sparsè villosis, corolla calycem subdimidio superanti labio superiore galeato breviter emarginato extùs villoso, inferioris lobo intermedio subquadrato; nuculis sublenticulari trigonis lovibus. Habitat in cultis ruderatisque Ju-

rassi et Alpicem. » — Cette espèce se distingue du *G. Tetrahit* par la tige moins élevée, moins renflée aux nœuds, les feuilles sont moins longuement acuminées, à dents plus larges et moins nombreuses, les lobes du calice plus longs et moins raides, égalant ou surpassant le tube de la corolle qui est rose ou blanche. Le *G. Tetrahit* a la tige plus élevée, les feuilles plus longuement accuminées, à dents plus aiguës et plus nombreuses, 6-15 de chaque côté, le tube de la corolle est plus long, les lobes calycinaux sont plus raides et plus piquants (ita Reuter).

Betonica.

1. **B. hirsuta,** K. Gazons secs sur les rochers. Près de la cascade de Pradaz ; un peu au-dessous de la Baux. Assez rare. Altitude supérieure : 2100 mètres.

Scutellaria.

1. **S. alpina,** L. Graviers; lieux escarpés. Au bas des Plançades; près de St-Rémi. Altitude supérieure : 1850 mètres. Commune entre St-Rémi et St-Oyen.

Brunella.

1. **B. vulgaris,** Mœnch. **Prunella vulgaris,** L., Koch. Prés; bois; bords des chemins. La Pierraz; Proz; la Baux, etc. Partout jusqu'à l'altitude de 2400 mètres.

Ajuga.

1. **A. reptans,** L. Prés ou pâturages. Pradaz ; Novalles, etc. Guère au-dessus de 1900 mètres.

Var. **alpina,** Koch. **A. alpina,** Vill. Souche dépourvue de stolons. Avec l'*A. reptans*, mais plus rare.

2. **A. pyramidalis,** L. Pelouses herbeuses; parmi les arbustes. La Baux; la Pierraz, etc. Altitude supérieure : 2350 mètres.

Var. **alpestris**, Gaudin, *minor, e cæruleo purpurescens, foliis floralibus rubris*, Gaudin. **A. alpina**, Suter (non L.). Commune dans les pâturages. De 200 jusqu'à 2460 mètres.

Teucrium.

1. **T. chamœdrys**, L. **T. officinale**, Lam. Lieux arides; bords des bois. Entre la Cantine et St-Rémi, au bas des Contours; je crois aussi au bas des Plançades. Altitude supérieure : 1850 mètres. Corolle purpurine.

2. **T. montanum**, L. Lieux arides et très-exposés au soleil. Près de St-Rémi. Je ne crois pas l'avoir rencontré au-dessus de 1700 mètres. Corolle d'un blanc jaunâtre; souche courte, rameuse, non rampante.

XL. PLANTAGINÉES.

Plantago.

1. **P. major**, L., Koch, Gaud. Bords des chemins. Sur les deux versants de la montagne. Guère audessus de 2000 mètres.

2. **P. media**, L. Prés et pâturages un peu secs. La Pierraz; la Baux, etc., jusqu'à 2450 mètres.

3. **P. bidentata**, Murith. **P. serpentina**, Vill., Gren. et God. Assez rare; près de la Chapelle de Lorette (Bourg-de-St-Pierre), Murith. Altitude supérieure : 1740 mètres.

Var. **graminea. P. graminea**, Schleich., Thomas. **P. serpentina**, Vill. Il varie à feuilles entières ou dentées, Reuter. Pelouses herbeuses et pâturages pierreux. Très-rare à la Pierraz; près de la Chapelle de Lorette, Gaud.

N. B. Koch rapporte le *P. bidentata*, Murith, à la var. du *P. maritima*. On doit le rapporter au *P. serpentina*, Vill., Gren. et God. (Reuter).

4. **P. alpina**, L. Dans les pâturages. Autour du lac; la Combaz, et partout, de 1800 jusqu'à l'altitude de 2600 mètres.

Var. **incana**. Feuilles couvertes de poils appliqués. Pâturages. Beaucoup plus rare que le *P. alpina (genuina)*.

Obs. M. Decaisne (in D.C. prodr.) réunit à cette variété le *P. bidentata*, de Murith, mais à tort, selon M. Reuter.

5. **P. montana**, Lam., Koch. Pâturages. Le long de l'aqueduc; à la Baux; à la Combaz, près du Jardin-du-Valais, etc. Beaucoup plus commun que le *P. alpina*. Altitude moyenne : 2300 mètres.

XLI. PLOMBAGINÉES.

Armeria.

1. **A. plantaginea**, Willd., Gren. et God. **Statice plantaginea**, All., Koch. Pelouses herbeuses et sèches. Près de St-Rémi, au bas du village. Altitude : 1630 mètres.

XLII. GLOBULARIÉES.

Globularia.

1. **G. cordifolia**, L. Pentes arides. Proz; au-dessus du Plan de Jupiter; Jouat; au bas des lacs du Col-Fenêtre. Abondamment au Col-Serenaz (Bossaz) Altitude moyenne : 2350 mètres.

QUATRIÈME SOUS-CLASSE
MONOCHLAMIDÉES

XLIII. SALSOLACÉES.

Chenopodium.

1. **Ch. Bonus-Henricus,** L. **Blitum Bonus-Henricus,** Rchb., Koch. Voisinage des chalets et des habitations. Sur les deux versants de la montagne; près de l'hospice, etc., jusqu'à 2470 mètres.

XLIV. POLYGONÉES.

Oxyria.

1. **O. digyna,** Campder., Koch. **Rumex digynus,** L. **Rheum digynum,** Wahl., Gaud. Anfractuosités et fissures des rochers; lieux humides; pelouses herbeuses aux bords des eaux. Autour du lac, etc. Très-commune de 2000 jusqu'à 2550 mètres d'élévation.

Var. **foliis antice integris,** Gaud. Murs de l'hospice, Gaudin.

Rumex.

1. **R. alpinus,** L. Autour des chalets: bords des ruisseaux; lieux humides. Près de l'hospice; à la Baux; à la Pierraz, etc. Très-fréquent jusqu'à l'altitude de 2470 mètres.

2. **R. scutatus,** L. Débris mouvants des rochers; lieux pierreux sur les éboulements. La Pierraz; la Baux; près des villages sur les deux versants de la montagne, etc., jusqu'à l'altitude de 2440 mètres.

Var. **arifolius,** All., Koch. Prés; bois. La Pierraz; la Baux, jusqu'à l'altitude de 2300 mètres.

Polygonum.

1. **P. bistorta**, L. Dans les prés ; les pâturages humides et tourbeux. Très-abondant à la Pierraz ; à Proz ; à la Baux, etc., jusqu'à l'altitude de 2400 mètres.

2. **P. viviparum**, L. Prés secs ; pâturages sur les rochers. Autour du lac; la Pierraz, etc. Très-fréquent jusqu'à 2800 mètres d'élévation.

3. **P. aviculare**, L. Voisinage des chalets ; bords des chemins. La Pierraz; Proz, etc., jusqu'à l'altitude de 2050 mètres.

XLV. DAPHNOIDÉES.

Daphne.

1. **D. mezereum**, L. Dans les bois. Plançades; Proz ; Pradaz ; forêt près de St-Rémi. Assez commune. Pas au-dessus de 2000 mètres.

XLVI. SANTALACÉES.

Thesium.

1. **Th. alpinum**, L. Pâturages ; pelouses herbeuses dans les lieux escarpés. La Combaz, près du Jardin-du-Valais; la Baux; les Plançades, etc. Il n'est pas commun. Altitude moyenne : 2200 mètres.

XLVII. EMPÉTRÉES.

Empetrum.

1. **E. nigrum**, L. Lieux tourbeux ; sur les rochers en masse. Un peu au-delà du Jardin-du-Valais ; à Barasson ; près de l'Hôpital, etc. De 2000 jusqu'à 2470 mètres d'élévation.

XLVIII. EUPHORBIACÉES.

Euphorbia.

1. **E. cyparissias**, L. Bords des chemins; pâturages. Sur les deux versants de la montagne, jusqu'à l'altitude de 1750 mètres.

XLIX. URTICÉES.

Urtica.

1. **U. urens**, L. Voisinage des chalets; décombres. Sur les deux versants de la montagne. Plus rare que l'*U. dioïca*. Grappes axillaires simples.

2. **U. dioïca**, L. Autour des chalets. Très-commune à la Pierraz; près de l'hospice, etc., etc.

M. Reuter a observé une *U. dioïca*, L., **forma manoïca** entre la Cantine de Proz et le Bourg-de-St-Pierre, de l'autre côté de la rivière.

L. SALICINÉES.

Salix.

1. **S. lapponum**, L., Koch. **S. helvetica**, Vill. Lieux tourbeux sur les rochers; bords des ruisseaux. La Pierraz; sommet de Proz, au-dessus de la Laivraz; pentes de la Chenalettaz, versant suisse, etc. De 1800 jusqu'à 2350 mètres. Chatons sessiles ou brièvement pédonculés, paraissant avec les feuilles.

2. **S. myrsinites**, L. Sur le Grand St-Bernard, Gaud. Je ne l'ai pas tronvé.

3. **S. reticulata**, L. Lieux humides sur les rochers. Mont-Mort; Mont-Cubit, etc. Assez commun. Altitude moyenne : 2500 mètres.

4. **S. retusa**, L. Lieux pierreux. Proz. Il n'est pas commun. Altitude : 1850 mètres.

Var. **serphyllifolia. S. serphyllifolia**, Scop., Gaud. Débris des rochers; lieux pierreux. A Tzermanaire;

à l'Ardifagoz; à Moulenaz, etc., assez commun de 2000 à 2700 mètres.

5. **S. herbacea,** L. Pâturages sur les rochers; escarpements; voisinage des glaciers. Autour du lac, et partout, de 2200 jusqu'à 2900 mètres.

LI. BÉTULACÉES.

Betula.

1. **B. alba,** L. Forêts à sol sablonneux et surtout siliceux. Sur le versant italien; je crois aussi sur le versant suisse. Pas au-dessus de 1800 mètres.

Alnus.

1. **A. viridis,** D. C., Koch. **Betula viridis,** Vill. Commun dans les pentes raides, dans les éboulements et dans les expositions au nord. Proz; la Laivraz; Pradaz, etc., jusqu'à 2000 mètres.

LII. ABIÉTINÉES.

Pinus.

1. **P. cembra,** L., Koch. Pentes du Mont-Mort, versant italien. Peu commun. Altitude: environ 1950 mètres.

2. **P. picea,** L., Gaud., Koch. **Abies pectinata,** D. C., *Fl. fr.* Dans les forêts, sur le versant italien.

4. **P. abies,** L., Gaud., Koch. **Abies excelsa,** D. C., *Fl. fr.* Il forme de vastes forêts sur les deux versants de la montagne. Altitude : jusqu'à 1800 mètres, sur le versant suisse; sur le versant italien il croît jusqu'à l'altitude de 1900 mètres et même au-dessus, dans les expositions chaudes, sur les croupes du Mont-Mort.

4. **P. larix,** L., Gaud., Koch. **Abies larix,** Lam., illust. **Larix europæa,** D. C., *Fl. fr.* C'est le premier arbre que l'on trouve près de la route en descendant

de l'hospice sur les deux versants de la montagne. Il abonde dans les forêts, surtout sur le versant italien. Il ne croît guère au-dessus de la zône supérieure du *P. abies*.

LIII. CUPRESSINÉES.

Juniperus.

1. **J. communis**, L., Koch. Bois ; il aime les côteaux exposés au midi. Sur les deux versants de la montagne. Guère au-dessus de 1800 mètres.

2. **J. alpina**, Clus., Gren. et God. **J. nana**, Willd., Koch. **J. communis**, var. **alpina**, Gaud., *Flore helvétique*. Côteaux élevés. Plan de Jupiter, etc. Assez commun. Sur les pentes abritées de la Chenalettaz ; je l'ai trouvé à l'altitude de 2600 mètres. Il abonde aux Plançades, etc., à l'altitude de 2000 mètres. Il se distingue au premier coup-d'œil du *J. communis* par sa tige et ses rameaux couchés, et par ses feuilles brusquement rétrécies au sommet en une pointe courte et forte.

DEUXIÈME CLASSE

ENDOGÈNES PHANÉROGAMES
OU
MONOCOTYLÉDONÉES

LIV. COLCHICACÉES.

Colchicum.

1. **C. autumnale,** L. Dans les prés où il fleurit après la fenaison. Sur les deux versants de la montagne; guère au-dessus de 1680 mètres.

2. **C. alpinum,** L. **C. montanum,** All. Dans les prés. Au fond de Proz; avant le Bourg-de-St-Pierre, Murith. En fleur le 5 août.

Veratrum.

1. **V. album,** L. Pâturages; trop commun dans les prés. La Pierraz; la Baux, etc., jusqu'à l'altitude de 2300 mètres.

Tofieldia.

1. **T. calyculata,** Wahlbg., Koch. **T. palustris,** Huds. **Anthericum calyculatum,** L. **Helonias borealis,** Willd. Lieux humides. Au bas du Col-Fenêtre; entre la Cantine et St-Rémi, près du ruisseau des Contours; abondamment au bas du village de St-Rémi. Altitude supérieure : 2350 mètres.

LV. LILIACÉES.

Lilium.

L. martagon, L. Prés et pâturages. Entre la Pierraz et le Bourg-de-St-Pierre; Pradaz, etc., jusqu'à l'altitude de 2000 mètres.

Lloydia.

1. **L. serotina**, Rehb., Koch. **Anthericum serotinum**, L. Sur le Grand St-Bernard, Alter.

Gagea.

1. **G. liottardi**, Schult., Koch. **G. fistulosa**, Dub. **Ornithogalum liottardi**, Stern. **Orn. fistulosum**, Ram. ap. D. C., *Fl. fr.* Prés et pâturages, dans les lieux gras et humides. Près de l'hospice, vers la fontaine du Plomb; près du lac; à la Baux; tout près de la Cantine Sarde, etc. Très-commun de 2000 à 2400 mètres.

Allium.

1. **A. schænoprasum**, L., var. **alpinum**, Gaud., Koch. Bords des eaux; lieux marécageux ou tourbeux, très-humides. Abondamment à la Baux. Il croît aussi près du lac, aux bords des terre-pleins (jardins) où il a été transplanté.

2. **A. victorialis**, L. **A. plantaginense**, Lam. dict. Pâturages sur les rochers en masse. Pradaz, près de la cascade; au bas des Combes, assez rare. Altitude : 2000 mètres. Fleurs d'un blanc verdâtre, jaunissant par la dessication.

Paradisia.

1. **P. liliastrum**, Berthol., Koch. **Anthericum liliastrum**, L. **Czackia liliastrum**, Andr. Pâturages exposés au midi. Au bas du Chalet des Combes; entre la Baux et l'Ardifagoz, près du sentier.

LVI. SMILACÉES.

Streptopus.

1. **S. amplexifolius**, D. C., *Fl. fr.*, Koch, Syn. **Uvularia amplexifolia**, L., Gaud. Pelouses, dans les lieux escarpés. Entre la Pierraz et le Grand-Lui, vis-à-vis, mais bien au-dessus de l'Hôpital; entre des rochers près du Pic-de-Dronaz, V.-J. Meilland. Je possède cette espèce cueillie dans ces localités, à l'altitude d'environ 2300 mètres.

Polygonatum.

1. **P. verticillatum**, All. **Convallaria verticillata**, L., Koch. Pelouses herbeuses et fertiles. Au pied des rochers de la Baux ; sous Mont-Cubit. Très-rare sur le St-Bernard. Altitude : 2300 mètres.

LVII. IRIDÉES.

Crocus.

1. **C. vernus**, All., Gaud., Koch. Il fleurit aux premiers jours du printemps, après la fonte des neiges, dans les prés et les pâturages. La Baux; la Pierraz, etc. Pas au-dessus de 2300 mètres. Fleur blanche, ou violette, ou panachée de blanc et de violet.

LVIII. ORCHIDÉES.

Orchis.

1. **O. globosa**, L. Dans les pâturages. A Pradaz, non loin de la cascade. Altitude : environ 1950 mètres. Fleurs roses à libelle ponctuée.

2. **O. mascula**, L. Dans les prés. Pradaz. Altitude : 1900 mètres. Fleurs purpurines; feuilles d'un vert clair, lancéolées-oblongues, élargies vers le sommet avec ou sans taches noires; tubercules gros, oblongs, fétides.

3. **O. sambucina**, var. **purpurea**, Koch. **O. incarnata**, Willd. Prés et pâturages. Un peu au-dessous de la Cantine de Proz, entre la Dranse et la Lettaz. Assez rare. Altitude : 1700 mètres. Fleurs rouges.

4. **O. latifolia**, L. Prés humides. Proz, non loin de l'espèce précédente. Fleurs d'un pourpre foncé; feuilles d'un vert foncé, souvent maculées de noir; tige fistuleuse.

5. **O. maculata**, L. Dans les prés. En Proz, avec l'*Orchis latifolia*. Fleurs rosées, ou d'un lilas pâle, rarement blanches et immaculées; feuilles ordinairement maculées de noir; tige solide et jamais fistuleuse.

6. **O. bifolia**, L. **O. alba**, Lam. **Platanthera bifolia**, Rchb., Koch. Lieux herbeux, humides et ombragés. A Pradaz. Altitude; environ 1900 mètres. Fleurs blanches, odorantes; tige de 3-4 décimètres, anguleuse, subspongieuse; tubercules ovides, presque ronds, entiers.

7. **O. conopsea**, L. **Gymnadenia conopsea**, Koch. Pâturages. Au bas du chalet des Combes. Altitude : 2100 mètres. Fleurs rosées ou purpurines, à odeur agréable.

8. **O. viridis**, Crantz. **Satyrium viride**, L. **Habenaria viridis**, R., B., Koch. **Gymnadenia viridis**, Rich., Rchb. Pelouses herbeuses et fertiles, dans les lieux un peu humides. Pentes de la Baux, sous la Pouillerie et sous Mont-Cubit; près du Jardin-du-Valais, etc. Non commune. Altitude supérieure : 2450 mètres. Fleurs d'un vert jaunâtre.

9. **O. albida**, Scop. **Satyrium albidum**, L. **Gymnadenia albida**, Rchb., Koch. **Platanthera albida**, Jc., *Hall. helv.* Pelouses herbeuses. Entre la Baux et l'Ardifagoz, près du sentier. Assez rare. Altitude : 2250 mètres. Fleurs petites, d'un blanc jaunâtre.

Nigritella.

1. **N. angustifolia**, Rich., Koch. **Satyrium nigrum**, L. **Orchis nigra**, Scop. Elle est assez fréquente dans les pâturages. Près du Jardin-du-Valais; la Baux; sous Mont-Cubit, etc. Çà et là, de 1700 jusqu'à 2480 mètres d'élévation.

2. **N. suaveolens**, Koch. **Orchis suaveolens**, Vill. Pelouses herbeuses. Pradaz, entre la Baux et l'Ardifagoz. Très-rare, Métroz.

Chamæorchis.

1. **Ch. alpina**, Rich., Koch. **Ophrys alpina**, L. Pâturages des plus hautes sommités. Sur le Grand St-Bernard, Aller. Col-Fenètre, versant Sarde, Gaud., *Flore helvétique*.

LIX. JONCAGINÉES.

Triglochin.

1. **T. palustre**, L. Prés et pâturages marécageux. Contours entre la Cantine Sarde et St-Rémi, aux bords du ruisseau; prés tourbeux sous l'Ayettaz. Altitude supérieure : environ 1900 mètres.

LX. JONCÉES.

Juncus.

a. Tiges stériles sabulées et simulant des feuilles.

1. **J. conglomeratus**, L. Bords des eaux; pâturages humides. Entre les Contours et les Novalles, dans un petit ruisseau ; abondamment au bas de St-Rémi. Altitude supérieure : 1900 mètres.

2. **J. arcticus**, Willd. Sur le Grand St-Bernard, Gaud., *Flore helvétique*. Je possède cette espèce cueillie au pied du Mont-Blanc, sur le versant de Cormayeur (Val d'Aoste); je ne l'ai point trouvée sur le Mont St-Bernard.

3. J. **filiformis**, L. Bords des ruisseaux et des eaux stagnantes; lieux tourbeux. Assez commun près de la route, depuis la Combaz jusqu'à l'Hôpital; près du lac, etc. Altitude supérieure : 2470 mètres.

4. **J. Jacquini**, L. **J. biglumis**, Jacq. Gazons dans les fissures des rochers; pelouses un peu humides dans les lieux escarpés. La Baux; sous Mont-Cubit; croupes de la Chenalettaz, etc. Il n'est pas commun. Altitude moyenne : 2350 mètres.

b. Tiges stériles, nulles et remplacées par des fascicules stériles de feuilles.

5. **J. triglumis**, L. Lieux humides ou marécageux. Le long du ruisseau qui descend du Plan-des-Gouilles; à Dronaz; à l'Ardifagoz; à Ferrex; vis-à-vis de la Pierraz, vers les Saules. Altitude moyenne: 2300 mètres.

6. **J. trifidus**, L. Très-commun, surtout dans les fissures des rochers. Autour du lac; sous Mont-Cubit; au Plan de Jupiter, etc. Altitude moyenne: 2450 mèt.

7. **J. alpinus**, Vill. Prés et pâturages marécageux ou tourbeux. Près du Plan-des-Dames; commun dans les prés de Proz, au bas de la Cantine; près de St-Rémi. Altitude moyenne : 2000 mètres.

8. **J. compressus**, Jacq., Koch. Pâturages humides. Au bas de St-Rémi, près de la grande route. Altitude moyenne : 2630 mètres.

9. **J. bufonius**, L. Lieux humides. Proz, non loin de la Cabanne-du-Cordonnier. Altitude : 1750 mètres.

Luzula.

Sect. I. — Graines munies au sommet d'un appendice en forme de crête. Fleurs solitaires.

1. **L. flavescens**, Gaud., Koch. **Juncus flavescens**, Hort., Murith. Parmi les arbustes. Plançades, un peu au-delà de la Pierraz. Altitude : 2050 mètres.

Sect. II. — Graines obscurément ou non appendiculées au sommet. Fleurs rapprochées en glomérules.

a. Inflorescence en cime paniculée.

2. **L. sylvatica**, Gaud. **L. maxima**, D. C., Koch. **Juncus maximus**, Rchb., Murith. Parmi les arbustes. Pradaz, au-dessus de l'Ayettaz. Altitude: 1850 mètres.

3. **L. spadicea**, D.C. **Juncus spadiceus**, Vill., Murith. Bords des rigoles, pâturages un peu humides sur les rochers. Abondamment sur les croupes du Mont-Mort, de la Chenalettaz, etc., autour du lac, et partout, de 2000 jusqu'à 2600 mètres d'élévation. Elle paraît se plaire particulièrement à l'altitude de 2400 mètres.

4. **L. nivea**, D.C. **Juncus luteus**, All., Vill., Murith. Pelouses un peu arides. Près du lac; au Plan de Jupiter; la Baux, dans les pentes escarpées, etc. Altitude supérieure : 2480 mètres.

b. Inflorescence en ombelle. Fleurs rapprochées en épis ovoïdes pédonculés, le centre seul sessile.

6. **L. campestris.** D.C. Sur le Grand St-Bernard, Gaud.

7. **L. multiflora**, var. **nigricans**, Koch. **L. nigricans**, God. **L. suditica**, D.C., *Fl. fr.* **Juncus suditicus**, Willd., Murith. Pâturages, dans les lieux presque tourbeux. Un peu au-dessus des chalets de la Laivraz et du sommet de Proz; au-delà du Plan-de-Jouat. Elle n'est pas commune. Altitude : 2050 mètres.

c. Inflorescence en panicule spiciforme.

8. **L. spicata**, D. C. **Juncus spicatus**, L., Vill., Murith. Pâturages arides. Elle n'est pas rare au Col-Fenêtre; pentes du Mont-Mort, près du lac. Elle ne se trouve guère au-dessous de 2470 mètres; elle croît de préférence à l'altitude de 2600-2700 mètres.

LXI. CYPÉRACÉES.

Eriophorum.

a. Un seul capitule terminal.

1. **E. scheuchzeri**, Hoppe. **E. capitatum**, Host. Dans les tourbières. Plan de Jupiter, près du lac; entre la Combaz et le Bras; à la Pierraz, etc. De 2000 à 2500 mètres d'élévation.

b. Plusieurs capitules disposés en anthèse simple.

2. **E. angustifolium**, var. **alpinum**, Gaud. Lieux tourbeux. La Baux; Pradaz; Proz. Altitude supérieure: 2300 mètres.

3. **E. latifolium**, Hoppe, Koch, Gaud. Sur le Grand St-Bernard, Gaud., *Flore helvétique.*

Scirpus.

a. Epillets distiques, disposés en une grappe spiciforme comprimée ; feuilles planes et molles.

1. **Sc. compressus**, Pers., Koch. **Schænus compressus**, L. Lieux marécageux; prés humides. Au-dessous de l'Ayettaz; au bas du pré du curé, avant d'arriver à St-Rémi. Altitude: 1700 mètres.

b. Un seul épillet dressé terminant la tige ou les rameaux.

2. **Sc. pauciflorus**, Ligchtf., Koch, Syn. **Sc. bæotryon**, Ehrch., Gaud. **Sc. halleri**, Vill. Lieux tourbeux ou marécageux. Au bas de l'Ayettaz. Très-rare. Altitude approximative: 1800 mètres. Tiges enveloppées à leur base par des graines tubuleuses brunes aphylles et tronquées au sommet.

3. **Sc. cæspitosus**, L. Dans les lieux tourbeux. Pentes de la Chenalettaz, au-delà du Jardin-du-Valais, abondamment près du ruisseau qui, de Barasson, descend au bas de la Combaz, etc. Altitude supérieure: 2470 mètres. Tiges munies à la base de plu-

sieurs graînes très-obliquement tronquées et terminées par une pointe verte.

Elyna.

1. **E. spicata,** Schrad., Koch. **Carex Bellardi,** Aller. **Kobresia scirpina,** Willd., D.C., *Fl. fr.*, Gaudin. Gazons secs, pâturages arides. A l'issue du lac, sur le mamelon qui est au pied du Mont-Mort; au Plan-des-Gouilles; près des Roches-polies. De 2460 à 2760 mètres d'élévation.

Carex.

Sect. I. PSYLLOPHORÉES. — *Epi solitaire, simple et terminal.*

1. **C. Davalliana,** Smith. Lieux marécageux et spongieux. Aux Lancettes, parmi les arbustes. Altitude : 1740 mètres.

Sect. II. SCIRPOÏDES. — *Epi terminal, composé, dépourvu d'involucres, formé d'épillets androgynes.*

a. Deux stigmates.

2. **C. fœtida,** All., Gaud., Koch. Commun surtout dans les lieux un peu humides. Près de l'hospice; autour du lac; à la Combaz, etc. Altitude moyenne : 2450 mètres.

3. **C. microstyla,** Gay. **C. lobata,** Schleich. Pelouses un peu humides. Près du lac; près de la Morgue; entre le Jardin-du-Valais et le Plan-des-Gouilles. Cette espèce est très-rare. Altitude 2480 mètres.

4. **C. paniculata,** L. Prés et pâturages spongieux. Pradaz; au bas de St-Rémi près de la route. Altitude supérieure : 1800 mètres.

5. **C. leporina,** L., Koch. **C. ovalis,** Good., D.C., *Fl. fr.* Pâturages marécageux; lieux humides. Aux Contours, près des fontaines; St-Rémi, au bas du village. Altitude supérieure : 1900 mètres.

6. **C. stellulata,** Gooden, Koch. **C. echinata,** Murr., Gren., God. Prés ou pâturages tourbeux et très-humides. Mont-Mort ; vers la Combaz; la Pierraz, etc. Altitude supérieure : 2400 mètres.

7. **C. grypus,** Sch. Lieux spongieux. Dronaz, au bord d'une eau stagnante ; la Pierraz. Altitude moyenne : 2200 mètres.

8. **C. lagopina,** Wahlenb., Koch. **C. approximata,** Hopp. Pelouses herbeuses et humides, souvent aux bords des eaux ou des rigoles. Très-commun autour du lac; près de l'hospice; au bas de la Combaz-Marchandaz, tout près du chemin, etc. De 2150 jusqu'à 2500 mètres d'élévation.

9. **C. vetilis,** Fries, Gr., God. Pentes de la Chenalettaz, sur le sentier de Dronaz, à une petite distance du Jardin-du-Valais ; au-dessus de la Laivraz, etc. Il est assez rare. Altitude de 1950 jusqu'à 2500 mètres.

b. Trois stigmates.

10. **C. curvula,** All. Dans les pâturages. Autour du lac; au Plan des Gouilles ; au bas de la Combaz, etc., etc. Il est très-commun de 1900 jusqu'à 2800-2900 mètres d'élévation.

Sect. III. EUCARICES. — *Un ou plusieurs épis mâles au sommet de la tige : un ou plusieurs épis femelles axillaires.*

a. Utricules fructifères à bec arrondi.

11. **C. bicolor,** Aller. Pelouses herbeuses. Près du glacier de Pieuday, au-dessus du Plan-de-Jouat. Il est très-rare. Altitude approximative : 2500 mètres.

12. **C. goodenowii,** Gay. **C. vulgaris,** Fries, Koch. **C. cæspitosa,** Good. (ex-parte). Pâturages un peu humides. La Combaz, près du Jardin-du-Valais et au-delà, etc. Altitude supérieure : 2460 mètres.

13. **C. glauca**, Scop. Lieux marécageux, spongieux. Prés de St-Rémi. Altitude : 1640 mètres.

14. **C. capillaris**, L. Pâturages rocailleux et humides. Un peu au-delà du Jardin-du-Valais, près de la *Saussurea alpina;* aux Places, vis-à-vis des chalets de la Pierraz. Il est assez rare. Altitude moyenne : 2250 mètres.

15. **C. panicea**, L., Koch. Lieux humides, marécageux ou tourbeux. Pradaz, au bas de l'Ayettaz. Altitude approximative : 1800 mètres.

16. **C. atrata**, L., Koch. Pâturages, dans les lieux presque tourbeux et secs. Au Poyer; au fond de la Combaz; au bas de Tzermettaz. Altitude de 1900 à 2460 mètres.

17. **C. nigra**, All., Koch. **C. parviflora**, D. C., *Fl. fr.* **C. atrata**, var. **nigra**, Gaud. Pelouses herbeuses un peu sèches. Mont-Mort; Poyer; au-dessus des Tronchets. Altitude moyenne : 2400 mètres.

18. **C. digitata**, L. Bois et lieux ombragés. Sur le Grand St-Bernard, Gaud., *Flore helvétique.*

19. **C. ornithopoda**, Willd., Koch. **C. pedata**, Vill., *Fl. fr.* (non L.). Lisières des bois; pelouses herbeuses sur les rochers. Cette plante qui n'est pas rare sur les côteaux calcaires du Bas-Valais, croît à la Baux, sous Mont-Cubit, à l'altitude de 2400 mètres.

b. Utricules fructifères à bec long, marginé, plan-convexe, bicuspidé. Trois stigmates ; utricules glabres.

20. **C. frigida**, All., Koch. Pâturages sur les rochers. Le long de l'aqueduc, entre l'hospice et la fontaine Potina, etc. Altitude : 2470 mètres.

21. **C. ferruginea**, Scopol., Koch. **C. scopoliæna**, Willd. **C. scopolii**, Gaud. Pâturages humides ou humectés. Bords du ruisseau qui, du Plan des-Gouilles, descend vers les Tronchets; Pradaz, parmi les arbus-

tes. Altitude moyenne : 2100 mètres. Epis femelles penchés, tous longuement pédonculés.

22. **C. sempervirens**, Vill., Koch. Pâturages sur les rochers. Entre l'hospice et la fontaine Potina; au-delà de la fontaine du Plomb, etc. Il est très-commun à l'altitude de 2470 mètres. Epis femelles toujours dressés, pédonculés, l'inférieur longuement.

23. **C. flava**, L. Prés humides, marécageux ou tourbeux. La Pierraz; Proz; Pradaz. Guère au-dessus de 2000 mètres d'élévation.

LXII. GRAMINÉES.

§ 1. *Epillets non insérés dans des excavations du rachis.*

a. Fleurs ne s'étalant pas pendant l'anthèse.

Anthoxanthum.

1. **A. odoratum**, L. Prés à la lisière des bois. Sur le versant italien. Guère au-dessus de 1850 mètres.

Var. **alpinum**. Panicule plus rameuse, arêtes plus longues, feuilles glabres, Gaud., *Flore helvétique*. Pelouses herbeuses et fertiles, sur les rochers. Près de l'hospice, le long de l'aqueduc; la Baux ; au Couloir, etc. De 2200 jusqu'à 2480 mètres d'élévation.

Phleum.

1. **Ph. alpinum**, L. Prés et pâturages, surtout dans les lieux un peu humides. Abondant autour du lac; à la Baux, etc., etc. Il se plaît à l'altitude de 2400 mètres.

Var. **commutatum**. Panicule presque ronde, ou ovale; tige plus courte. **Ph. commutatum**, Gaud. Gazons humides, aux bords des eaux. Combaz-Marchandaz ; la Pierraz, près du chalet. Altitude moyenne : 2100 mètres.

2. **Ph. Michelii**, All. Sur le Grand St-Bernard. Gaud, *Flore helvétique*.

Sesleria.

1. **S. cærulea,** Arduin, Koch. **Cynosorus, cæruleus,** L. Pâturages arides sur les rochers. Environs du Col-Fenêtre. Altitude : 2700 mètres.

b. Fleurs s'étalant pendant l'anthèse.

Calamagrostis.

1. **C. tenella,** Host. **A. mutica,** Koch. **Agrostis pilosa,** Schleich., Gaud. Pâturages rocailleux. Près de l'hospice. Altitude : 2470 mètres.

Agrostis.

1. **A. alba,** var. **gigantea,** Gren. et God. **A. gigantea,** Gaud., *agrost.* **A. alba major,** Gaud., *Flore helvétique.*

2. **A. vulgaris,** Withering. Prés et pâturages secs. Pradaz, etc. Altitude supérieure : 2450 mètres. A cette altitude la plante est plus petite dans toutes ses parties et forme une jolie variété.

3. **A. alpina,** Scop., Koch, Syn., Reuter. **A. rupestris,** Gaud., *Flore helvétique,* Reuter, cat. Dans les pâturages. Autour du lac. Altitude moyenne : 2430 mètres.

Var. **aurata. Agrostis rupestris,** var. **aurata,** Gaud., *Flore helvétique.* Pâturages. Entre le lac et Mont-Cubit, etc. Altitude : 2460 mètres.

4. **A. rupestris,** All., Koch, Syn., Gren. et God., Reuter, cat. **Agr. alpina,** D. C., Gaud., *Flore helvétique,* Reuter, cat. (non Scop.). Dans les pâturages. Autour du lac ; la Baux, entre le lac et Mont-Cubit, etc. Altitude : 2460 mètres.

Deschampsia.

1. **D. cœspitosa,** var. **alpina,** P. Beaux., Gren. et God. **Aira cæspitosa,** var. **alpina,** Gaud., *Flore helvétique.* Pâturages. Bords du lac, près de la limite Helvetico-Sarde.

2. **D. flexuosa,** Gris., Gren. et God. **Aira flexuosa,** L., Koch. Dans les pâturages. Près du lac, au pied du Mont-Mort; Tzermanaire, etc. Altitude : 2470 mètres.

Avena.

1. **A. scheuchzeri,** All., Rchb. **A. versicolor,** Vill., Koch., Syn., Gaud. Pâturages pierreux. Aboudamment près du lac, au pied du Mont-Mort; sur les pentes de la Chenalettaz, etc. De 2400 jusqu'à 2700 mètres.

1. **A. pubescens,** L. Prés; bois. A la Pierraz; sur le versant Valdostain (Piémont). Assez rare. Guère au-dessus de 2000 mètres.

Trisetum.

2. **T. subspicatum,** P. Beauv., Friess. **Aira subspicata,** L., Schrad. **Avena subspicata,** Sut., Gaud., Koch. Pâturages pierreux. Près du Mont-Cubit; au Col-Fenêtre; aux Roches-polies; près de la cime de la Chenalettaz, etc. Altitude de 2460 à 2800 mètres.

2. **T. flavescens,** P. Beauv. **Avena flavescens,** L. Çà et là dans les prés. Entre la Cantine de Proz et le Bourg de St-Pierre. Altitude supérieure : 1800 mètres.

3. **T. distichophyllum,** P. Beauv. **A. distichophylla,** Vill., Gaud., Koch. **Avena brevifolia,** Host. Sur les graviers, près des torrents qui descendent des glaciers. L'Ardifagoz; Pradaz. Altitude moyenne : 2200 mètres.

Catabrosa.

1. **C. aquatica,** P. Beauv., Friess. **Aira aquatica,** L. **Poa airoïdes,** D. C., Gaud. **Glyceria aquatica,** Presl., Koch. Eaux stagnantes; fossés; lieux marécageux. Entre les Contours et St-Rémi, au bas du pré du curé. Altitude : 1700 mètres.

Glyceria.

1. **G. fluitans,** R., Br., Koch. **Festuca fluitans,** L. **Poa fluitans,** Kœl. Dans les marais. Proz, sous les Zerbets. Altitude : 1700 mètres.

Poa.

a. Glumelle inférieure à 5 nervures à peine visibles.

1. **P. annua,** L. Autour des habitations ou des chalets ; dans les lieux cultivés. Sur les versants de la montagne.

Var. **varia,** Koch. Spiculis eximiè variegatis. Bords des ruisseaux, des rigoles ; lieux humides. Près de l'hospice, vers la fontaine du Plomb ; à la Pierraz ; près du lac. Altitude moyenne : 2300 mètres.

2. **P. minor,** Gaud. Pâturages pierreux. Sur le toit et autour de la fontaine Potina ; Moraines de l'Ardifagoz, etc. Altitude : 2400 mètres. Epillets ovales-oblongs ; glumes de moitié plus courtes que l'épillet, l'inférieure uninervée, la supérieure trinervée.

3. **P. laxa,** Hænke. **P. elegans,** D.C. Pelouses herbeuses, dans les lieux rocailleux. Au pied du Mont-Mort, vers le lac, etc. Altitude : 2460 mètres. Epillets largement ovales ; glumes égalant l'épillet, l'une et l'autre trinervées.

Var. **flavescens,** Parlatore. *Viag. al gran San Bernardo.* Pâturages. Près du lac. Altitude : 2460 mètres.

4. **P. cæsia,** Smith., Koch, Gaud., *Flore helvétique.* **P. aspera,** Gaud., agrost., Murith. Sur les rochers exposés au soleil. Grand St-Bernard, Gaud., *Flore helvétique,* Murith.

5. **P. alpina,** L. Commun dans les pâturages. Autour du lac, etc., jusqu'à 2500 mètres d'élévation.

Var. **vivipara,** Koch. Pâturages sablonneux, un peu humides. Entre l'hospice et la fontaine Potina, etc. Altitude : 2470 mètres.

6. **P. distichophylla**, Gaud., *Flore helvétique*. **P. cenisia**, All., Parlatore. Rocailles aux bords des torrents. Près du lac; à Tzermanaire; à Dronaz. Altitude moyenne: 2300 mètres.

b. Glumelle inférieure à 5 nervures saillantes.

7. **P. pratensis**, var. **angustifolia**, Sm., brit., Koch, Syn. **P. angustifolia**, L. Pelouses herbeuses et fertiles; prés. Entre l'aqueduc et le lac, vers le terre-plein appelé le Jardin-du-Clavendier; à la Pierraz; à Pradaz. Altitude supérieure : 2470 mètres. Cette variété se distingue de l'espèce genuine par ses feuilles radicales enroulées-sétacées, beaucoup plus étroites que les caulinaires.

8. **P. sudetica**, Hænke, Gaud, Koch. **P. sylvatica**, Vill. (non Poll.). **P. trinervata**, D. C., *Fl. fr.* (non Ehrh.). Pâturages parmi les arbustes. Au bas de l'Ardifagoz; je l'ai aussi cueilli ailleurs sur le Grand St-Bernard, mais je ne me souviens plus assez précisément de la localité. Altitude supérieure: 2250 mètres. Cette espèce est très rare.

Briza.

1. **B. media**, L. Prés et pâturages secs. La Pierraz; Proz; les Novalles. Pas au-dessus de 2100 mètres.

Melica.

1. **M. mutans**, L. Dans les bois. Entre la Cantine de Proz et le Bourg-de-St-Pierre, tout près de la route. Altitude: 1700 mètres.

Dactylis.

1. **D. glomerata**, L. Dans les prés. La Pierraz; Proz, etc. Pas au-dessus de 2000 mètres.

Molinia.

1. **M. cærulea**, Mœnch, Koch, Syn. **Aira cærulea**, L., sp. **Enodium cæruleum**, Gaud., agrost. **Festuca cæru-**

lea, D. C., *Fl. fr.* Lieux humides ou marécageux. Au bas de l'Ayettaz. Altitude : environ 1750 mètres.

Cynosurus.

1. **C. cristatus**, L. Prés ou pâturages secs. Très-rare à la Pierraz, près du chalet. Il est très-commun dans les prairies un peu arides de la région sous-alpine. Pas au-dessus de 2000 mètres.

2. **C. echinatus**, L. Lieux cultivés. Assez rare dans les champs du Château, près du pont St-Charles, avant d'arriver au Bourg-de-St-Pierre. Altitude : 1670 mètres.

Festuca.

a. Glumelle inférieure très-étroitement scarieuse aux bords vers le sommet, fortement enroulée par les bords après l'anthèse.

1. **F. halleri**, All. Pâturages dans les lieux un peu sablonneux. Près de l'hospice, le long de l'aqueduc; vers Mont-Cubit, etc. Altitude moyenne : 2460 mètres.

2. **F. duriuscula**, L., sp. Dans les pâturages très-arides. Sur le Grand St-Bernard, Gaud., *Flore helv.*

3. **F. violacea**, Gaud. Pâturages. Près du lac, au pied du Mont-Mort; entre le lac et Mont-Cubit. Altitude : 2460 mètres.

4. **F. heterophylla**, var. **alpina**, Gren. et God. **F. nigrescens**, Lam., Gaud. Pelouses herbeuses et fertiles, dans les lieux pierreux. Mont-Mort, près du lac ; la Baux ; dans les pentes escarpées près du Mont-Cubit, etc. Altitude ; 2460 mètres.

b. Glumelle inférieure entièrement scarieuse au sommet jusqu'à la nervure dorsale, tardivement enroulée par les bords.

5. **F. pumila**, Chaix in Vill. Pâturages dans les lieux rocailleux. Au Col-Fenêtre; près des Roches-polies, etc. Altitude : 2500-2700 mètres.

6. **F. varia**, var. **flavescens**, Gaud., Koch. **F. acuminata**, D.C. Pâturages arides et rocailleux. La Baux; sous Mont-Cubit; près du Col-Fenêtre; près de l'Hôpital. Altitude moyenne : 2450 mètres.

7. **F. pilosa**, Hall. fil. **F. rhætica**, Sut. **F. poæformis**, Host. Pâturages arides. A la Grand-Lui; près de la Tour-des-Fous. Altitude : 2400 mètres.

§ 2. *Epillets insérés dans des excavations du rachis.*

Nardus.

1. **N. stricta**, L. Dans les pâturages; lieux marécageux ou tourbeux. Pentes de la Chenalettaz, un peu au-delà du Jardin-du-Valais. Altitude : 2450 mètres.

TROISIÈME CLASSE

ENDOGÈNES CRYPTOGAMES
OU
ACOTYLÉDONÉES VASCULAIRES

LXIII. FOUGÈRES.

Botrychium.

1. **B. lunaria**, Sw. **Osmuda linaria**, L. Pelouses herbeuses et sèches. La Baux, dans les escarpements

sous la Pouillerie, près de la Pierraz ; à Pradaz, etc. Çà et là jusqu'à 2470 mètres d'élévation.

Polypodium.

1. **P. vulgare,** L. Sur les rochers ombragés; sur les vieux troncs d'arbres. Entre Proz et le Bourg-de-St-Pierre, non loin de cette dernière localité. Je ne l'ai pas observé au-dessus de 1750 mètres.

2. **P. rhæticum,** L. **P. alpestre,** Hoppe, Koch. **Phegopteris alpestris,** Mert., Reuter, cat. A l'ombre des rochers gisant sur les pentes des montagnes; dans les bois à la lisière des forêts. Plançades; au pied de la Tour-des-fous, etc. Pas au-dessus de 2350 mètres.

Aspidium.

1. **A. Lonchitis,** Sw., Koch. **Polypodium Lonchitis,** L. Lieux ombragés. Près du Couloir, dans les rochers; aux Plançades, etc. Assez commun de 1700 jusqu'à 2400 mètres d'élèvation.

Polystichum.

1. **P. Filix-mas,** Roth., Koch. **Aspidium Filix-mas,** Sw. **Polypodium Filix-mas,** L. Parmi les arbustes ou les buissons; dans les lieux ombragés. Sur les deux versants de la montagne. Guère au-dessus de 2000 mètres.

2. **P. spinulosum,** D. C., Koch. **Aspidium dilatatum,** God., *Fl. fr.* Lieux ombragés. Au pied de la Tour-des-fous; à la Baux, etc. Il est assez rare. Altitude supérieure : 2350 mètres.

Cystopteris.

1. **C. fragilis,** Bernh. **Aspidium fragile,** D. C. **Polypodium fragile,** L. Lieux ombragés. Au-delà du Mont-Cubit, etc. Jusqu'à 2460 mètres d'élévation.

Asplenium.

1. **A. viride**, Huds. Rochers humides. Proz, près de la Dranse. Altitude supérieure : 1850 mètres.

Allosurus.

1. **A. crispus**, Bernh., Koch. **Pteris crispa**, All., D.C. **Osmunda crispa**, L. Lieux ombragés. Au-delà de Mont-Cubit; au pied de la Tour-des-fous, etc. Altitude : 2300 mètres.

LXIV. EQUISÉTACÉES.

Equisetum.

1. **E. palustre**, L. Lieux humides ou marécageux. Près de St-Rémi; à Pradaz; guère au-dessus de 1800 mètres.

LXV. LYCOPODIACÉES.

Lycopodium.

1. **L. Selago**, L. Lieux presque tourbeux, parmi les arbustes ou sur les rochers. Environs de l'Hôpital, etc. Altitude : 2150 mètres.

2. L. **annotinum**, L. **L. juniperifolium**, D.C., *Fl. fr.* Terrains presque tourbeux et secs. La Baux, au pied de la Tour-des-fous ; au-dessus des chalets du sommet de Proz; au bas de Tzermettaz. Altitude moyenne : 2240 mètres.

3. **L. alpinum**, L. Sur les rochers, en masse dans les lieux tophacés et secs. Environs de l'Hôpital ; au bas de Tzermettaz, etc. Altitude : 2200 mètres.

4. **L. clavatum**, L. Avec les espèces précédentes. Assez fréquent. Altitude moyenne : 2250 mètres.

Selaginella.

1. **S. spinulosa**, A. Br., Koch. **Lycopodium selaginoides**, L. Dans les pâturages. Parmi les arbustes,

au-dessous de Crêt-de-dent; entre la Cantine de Proz et le Bourg-de-St-Pierre, tout près de la route. Assez rare. Altitude moyenne : 1850 mètres.

TABLEAU

DES

ALTITUDES DES PRINCIPALES LOCALITÉS DU VALAIS

	Mètres.
Agettes (les)	1175
Aina	1953
Albenbrumen	994
Albenried	1110
Albinen (vill. d')	1296
Allève (village d')	1528
Alpien	1590
Alp-ober	1320
Alterspital	1737
Aren	1460
Ardevaz	1485
Ardon	588
Arpettaz (l')	2105
Attstoffel	1820
Auf dem Stand	2467
Ausser-Barrhorn	3633
Ausserbinen	1330
Ayer	1545
Bachernhausern	1155
Becs (les) des Bossons	3160
Beichelhorn	3012
Bellwald	1593
Berlette, mayens de Sion	1435
Bérisal	1540
Betten-Alp	2050
Betten-Horn	2802
Bettlihorn	2965
Beuson	969
Binn	1453
Binnegg	1375
Birchen	1390
Bister	1044
Blasialp	1980
Blasihorn	2781
Blatt	1328
Bleury	1426
Blinnen, glacier	1829
Blinnenthal	1433
Blitzingen	1340
Bodmen	2290

	Mètres.
Bodmeralp	2290
Bois de Finge	557
Bonaveau	2524
Borterhorn	2970
Bourg-de-St-Pierre	1644
Bourzireau	1750
Bouveret (port du)	380
Bovernier	633
Brandi	2264
Bramois	502
Brason, village	1078
Breithorn	3255
Bretien	1860
Brigue	750
Brodelhorn	2800
Bruchern	2181
Brunialp	2080
Cantine de Proz	1799
Catogne (pâturage)	1831
Catogne (sommet)	2585
Cantine de St-Rémi	2227
Cascade de la Pissevache	461
Chalet de la Pierraz	2099
Chalet de Servay	1863
Chaplle St-Laurent	1302
Chaley (église de)	556
Chanderot (le)	930
Chandolin	1970
Chandonne (vill. de)	1566
Chamosin	1064
Chamoson	653
Chamozentze	1987
Champéry	1528

	Mètres.
Charat	500
Chaux (signal de la)	2221
Chemin (village)	1200
Chenalletaz (sommet de)	2900
Chermignon	1179
Chieboz	1345
Chippis	562
Chœx	500
Ciserache	1612
Clavinen	1800
Clèbe	1278
Cœur (le passage du)	2033
Col de Balme	2302
Col de Cou	1970
Col de Fenêtre	2714
Col de Ferret	2321
Col de la Forclaz	1716
Col de la Furka	2436
Col du Rawill	2421
Col de St-Théodule	3410
Colombire	2202
Collonge, Outre-Rhône	454
Combatioux	1483
Combaz-verte	2790
Combaz-Salène	2209
Combe (la)	1120
Combin (mont)	4894
Combirette	2035
Confluent de la Dranse	465
Confluent du Trient	461

	Mètres.
Confluent de la Lizerne	485
Confluent de Pissevache	455
Conthey (village)	690
Cremenz	1500
Cretabessa	2717
Cordona	1317
Cummen	2088
Daillet	1050
Daubensée	2206
Dent-de-Mendáz	2472
Dent-du-Midi	3185
Dent-de-Morcles	2884
Dent (la petite)	2005
Derborentze (lac de)	1436
Diablerets (Tour des)	2918
Distellberg	2880
Donin	2203
Drône (la)	883
Drône (pic de la)	2937
Ebenematt	2215
Ebneten	1519
Econaz (Ferme d')	515
Eggertschy	1595
Eggishhorn	2941
Eignet	1534
Eiggern	1570
Eiron (mont d')	2150
Eison	1653
Embouchure du Rhône au Léman	376

	Mètres.
Englook (refuge n° 7)	1819
Epinassey	450
Ergisch	1047
Ernen	1251
Erzhorn	2650
Esserse	2225
Etrio	2055
Evolenaz	1379
Eyscholl (village)	1229
Eyschollalp	2050
Faulhorn	2743
Feldebach	2435
Ferret (col de)	2321
Finshauts	1500
Finsteraahorn	4275
Fischthelalp	2340
Fletzchhorn	4025
Flühli	1345
Foggenhorn	2602
Folataires (les)	560
Folton	1242
Fontaine (la) Liddes	1167
Fuca	1973
Fully (village)	450
Fürenhorn	3183
Furka	2436
Furschgen	1984
Galn	2638
Galnalp	2300
Gampel	680
Gasenen	1857
Geisspfadsée	2475

	Mètres.
Geren	1520
Geschinen	1340
Gibelhorn	2860
Giète (la) St-Maurice	1143
Gingolph (St)	377
Glacier de la Plaine morte	3000
Gliss	731
Glisshorn	2478
Glurigen	1333
Gondo (village de)	705
Gonerti	1805
Gottière-dessous	1770
Gottière-dessus	2039
Gottofrey	478
Grammont	2173
Granges	530
Greich	1359
Grengiols	1060
Grenier de la Lys	2017
Grenier de Milles	1944
Grimisuat	890
Grimsel	2217
Grissighorn	3165
Grostrog	1040
Grugialp	2330
Guggistafel	1882
Gummen	2753
Handspill	2050
Hohbachalp	2160
Hohbachsée	2500
Hohlicht	2758
Hohstand	1743
Holzerspitz	2670
Icogne	1060
Jeuderan	1028
Im Bruch	2220
Imfeld	1574
Imloch	1335
Inden	1176
Inhorn	2740
Insee	2350
Joch	2090
Jora (col du)	2495
Ischorn	1710
Jungfrau	4167
Kastelenhorn	2892
Kastelerhorn	3300
Kesersthal	1758
Kippel	1420
Kühthal	2158
Kuhmatten	1648
Lac-vert	2012
Läden	1500
La Gemmi	2302
La Giète	1143
La Giète-dessus	1628
Larsey	1900
La Grand-Croix	2246
Langthalalp	2100
La Place	1045
La Souste	625
La Toille	1850
La Troutz	2099
Lauenen	1524
Lax	1122
Laxeralp	2185

	Mètres.
Le Cœur	2033
Le Chandrot	930
Le Grugnay	735
Lenfleuria	1915
Lens	1151
Le Scex Bon-Vin	3033
Levron	1200
Les Becs des Bossons	3160
Les Heudères	1590
Les Places-Mayens	1618
Les Places	882
Les Ravins	1823
Les Vendes	1880
Liddes	1348
Lies (les)	1290
Loëche-les-Bains	1415
Loëche-la-Ville	795
Loffenhorn	3090
Loucherspitzen	2360
Lourtier	1074
Lovegno	2184
Mage	1353
Magenhorn	2340
Mangel	1526
Marche	1334
Martigny-Ville	494
Martinsberg	1540
Martinsbühl	1740
Maserey	2830
Massongex	409
Maure	2234
Mayens de l'Ours	1671

	Mètres.
Mayens de Conthey	1373
Mayens d. Reschy	1420
Mayens de Sion	1435
Mayens de Vercorin	1461
Mayens de la Zour	1333
Mazembroz	408
Meigen	1850
Meigern	1780
Mettenhorn	2766
Menouve (col de)	2764
Menouve (pic de)	3094
Merzelensee	2350
Miêge	705
Miex (Vouvry)	1114
Mille (col de)	2623
Mine de fer (chemin)	1910
Mœrell	820
Montagne de Fully	2000
Montanaz village	1185
Mont-Bovaires (chalet)	2257
Mont-Clou	1000
Mont-Cervin	4502
Mont-Derrey	2257
Mont-d'Eison	2150
Monthey	421
Mont-Leonc	3565
Mont-Mort	2876
Mont-Orge	796
Mont-Rosa	4636

	Mètres.
Mog	885
Moos	1010
Moosmatten	1959
Mont-Noble	2675
Morgins (lac de)	1411
Morgins (pic de)	1973
Moulins	1061
Mülibach	1286
Mund	1231
Munster	1432
Murzembourg	1240
Naters	702
Nava	2780
Nax	1307
Nendaz	1013
Nendaz-Haute	1260
Nendaz, Dent-de	2472
Nesset	2035
Nevaudet	1700
Niederthal	2000
Niederwald	1235
Nufenen-Pass	2503
Nufenen-Stock	2861
Obergestellen	1356
Ober-Ginans Alp	2300
Oberthal	2093
Oberwald	1349
Orsières	890
Osone	910
Pain de Sucre	2896
Pain sec	1301
Pas du Bœuf	2986
Pas des Mousses	2600
Pfafftern	1781

	Mètres
Petite Dent-du-Midi	2005
Pipi Glacier	3023
Pipinet	2011
Plan-Baz	705
Planchonet	1510
Planfey	812
Plan-des-Gouilles	2585
Platten	1550
Pointe de la Lona	1935
Pointe de Torrent	2810
Pomeran	977
Pont de la Morge	504
Pont d. Tronchsts	2375
Pradefort	1210
Prajean	1180
Pralovéa	1956
Prarayer	885
Pras	2426
Pré de Chandolin	2330
Preibe	1985
Procomberaz	1633
Produit (vill. de)	500
Pro du Scex	1931
Ranthorn	3199
Rarogne	734
Ravoire, maison Giroud	1186
Ravoire, sommet Vignes	824
Reüft	1500
Reüft Alp	2294
Refuge	2099
Rendsnnaz	1407

	Mètres.
Reschy	545
Reppaz	1186
Rhône (glacier du)	1946
Richenen	2020
Riddes	480
Ried	2110
Riederhorn	2238
Riffelhorn	3032
Rippey	2160
Roc de Badin	3140
Roche grise	2180
Roche polie	2781
Rossboden	2342
Rosswald	1940
Rotefalen	975
Saas	1601
Saffinsmatt	2138
Saillon	566
Sali	1703
Salenffe (mont de)	1752
Salins	845
Salvan	800
Sanfleuron	2068
Sarrayer villlage	1219
Satellegi	2600
Savièse	830
Saxon (les Bains)	478
Saxon (la Tour d.)	670
Saxon (église)	534
Scex Rouge	2891
Schönhorn	3202
Schönenmatten	2018
Schlucht	942
Schwarzhorn	2924
Segnel	2228
Selkingen	1380
Selzenhorn	2580
Sery	2498
Sembrancher	709
Sierre	551
Simplon (hospice)	2005
Simplon (village)	1410
Sion	528
Sommet de Proz	1931
St-Bernard (hospice)	2472
Stalden	834
Staldenried	1072
Steinhaus	1280
Stockhorn	2633
St-Gingolph	377
St-Jean	1400
St-Léonard	514
St-Luc	2380
St-Maurice	428
St-Maurice le Lac	1000
St-Nicolas	1455
St-Romain	1030
Strahlhorn	3181
St-Sébastien (château de)	994
Sublage	2739
Suen	1438
Sussillon	1380
Taltz	1550
Tellerenenalp	2458
Tellispitzen	3960
Tellstock	2805

	Mètres.
Tenn	1447
Tembachhorn	3019
Ternen	1155
Teurs	467
Thion	2027
Tiffel	1215
Törbel	1563
Tonnot (sal.)	3024
Torgon	1110
Torrent (col de)	2564
Torrent (village)	1920
Tourtmann	673
Tracui	2628
Treg	2150
Trient (auberge de)	1310
Trois-Torreuts	882
Tschorn	1710
Tunnetsch	1518
Tunnetschhorn	1945
Turben Alp	2890
Turgen Alp	2455
Turtig	645
Ulrichen	1338
Untmeretschy	1920
Val-d'Illier	947
Valsorine	1289
Varnerable	2123
Warnichorn	2905
Varone	795
Vasen	2430
Vasenhorn	3270
Veisonnaz	1240
Velan (Mont)	3730
Venthône	843
Verbier (village)	1500
Vercoren	1378
Verenne	985
Véreil	1271
Vernamièse	1325
Verossaz	1159
Verrey	1470
Versan	1976
Vétroz (prieuré de)	600
Vex	1039
Viège	720
Viesch	1163
Viescherhörner	3515
Wiesenried	1740
Vispertinen	1366
Vivin	2777
Voir (Pierre à)	2629
Vouvry	478
Zehntenhorn	3207
Zenhausenn	1092
Zermatten	1622
Zirone	1945
Zmeiden	1847

TABLE
DES NOMS DE GENRES

Les noms imprimés en égyptienne ne sont admis, dans le catalogue, qu'à titre de synonymes.

BULLETINS

DES

TRAVAUX DE LA SOCIÉTÉ MURITHIENNE

dès sa fondation en 1861 jusqu'à 1867 inclusivement.

Ier FASCICULE

AIGLE
IMPRIMERIE DULEX-ANSERMOZ
1868

RÉSUMÉ DES SÉANCES

SÉANCE DU 13 NOVEMBRE 1861.

Présidence de M. J.-E. d'ANGREVILLE, doyen d'âge.

Le jour sus-dit, à l'hôtel de l'Ecu du Valais, à St-Maurice, étaient réunis, Messieurs :

1° d'Angreville, Jacques-Etienne, de St-Maurice, membre de la Société helvétique des sciences naturelles ;

2° Bertrand, Auguste, de St-Maurice, chanoine de l'Abbaye et professeur ;

3° Burnier, Pierre, de St-Maurice, chanoine de l'Abbaye et professeur ;

4° Cornut, Onésime, de Vouvry, médecin vétérinaire ;

5° Dixon, James-Henry, Esq. of Creaton (Angleterre), demeurant à St-Maurice ;

6° Gard, Maurice, de Bagnes, chanoine de l'Abbaye et professeur de philosophie ;

7° Hang, Otho, de Würtemberg, proviseur-pharmacien, à St-Maurice ;

8° De la Soie, Gaspard-Abdon, de Sembrancher, chanoine du Grand-St-Bernard, membre de la Société helvétique des sciences naturelles, chapelain à Sembrancher ;

9° Mérioz, César, de Martigny, pharmacien à Martigny-Bourg ;

10° Rodon, Pierre, français, docteur-médecin, demeurant à St-Gingolph ;

11° Schmid, Adolphe, de Loëche-les-Bains, docteur-médecin, membre de la Société helvétique des sciences naturelles, domicilié à St-Maurice ;

12° Taramarcaz, Etienne, de Sembrancher, proviseur-pharmacien, à Martigny-Ville ;

13° Tissière, Pierre, d'Orsières, chanoine du Grand-St-Bernard, membre de la Société Halléréenne de Genève, vicaire de Vouvry ;

Lesquels se sont associés pour constituer une Société de botanique qui prend le nom de *Société Murithienne du Valais*, en l'honneur du chanoine Murith, le plus grand naturaliste que le Valais ait produit.

Trente trois articles, composant les statuts de la société, sont adoptés à l'unanimité.

L'assemblée procède à la formation de son bureau et nomme M. le chanoine Tissière, président, M. le chanoine De la Soie, vice-président, et M. J.-E. d'Angreville, secrétaire et conservateur de l'herbier et des autres collections.

Sont reçus membres actifs, MM. :

Caron, Benjamin, de Bagnes, médecin, député au Grand-Conseil, demeurant à Bagnes ;

Frossard, Basile, d'Ardon, chanoine du Grand-St-Bernard, Prieur au Simplon ;

Lagger, François-Joseph, de Münster, district de Conches, docteur en médecine, membre de la Société suisse des sciences naturelles, demeurant à Fribourg, en Suisse ;

Luder, Louis-Joseph, de Sembrancher, chanoine de l'Abbaye de St-Maurice, membre de la Société d'agriculture de la Suisse romande, Recteur de l'hôpital de St-Maurice.

Membres honoraires, MM. :

Blanchet, Rodolphe, ancien vice-président de l'instruction publique du canton de Vaud, membre de plusieurs sociétés savantes, demeurant à Lausanne ;

Lees, Edwin, Exq. of Wocester, F. M. S. et F. G. L.

Lovey, Jean-Pierre, d'Orsières, chanoiue du Grand-St-Bernard, vicaire d'Orsières;

Thompson, Joseph-Henry, F. L. S. Vicar of Cradley, Worcestershire;

Viridet, Marc-David, chancelier de la république de Genève.

Vouvry a été choisi pour le lieu de la prochaine réunion.

SÉANCE DU 29 AVRIL 1862

à l'Hôtel-de-Ville à Vouvry.

Présidence de M. le Rév. Chanoine P. TISSIÈRE.

M. le président ouvre la séance par le discours suivant:

« Messieurs,

» Plusieurs talents distingués dont le Valais aime à con-
» server la mémoire, ont dirigé vers la Botanique une partie
» de leurs études et lui ont consacré leurs moments dispo-
» nibles. Des découvertes intéressantes et des travaux
» précieux ont été les heureux fruits de leurs labeurs. Mais,
» dès que l'impitoyable mort venait terminer la glorieuse
» carrière de ces hommes d'élite, la Botanique se voyait
» condamnée à un deuil indéterminé; elle devait alors re-
» culer dans la voie du progrès, et elle ne pouvait reprendre
» son activité que lorsque une intelligence amie venait faire
» cesser son veuvage, épouser ses charmes et raviver sa
» gloire. Dans le temps même où la Botanique a été le
» plus en honneur dans notre canton, elle n'y a jamais
» trouvé tout le développement désirable, par le fait bien
» simple qu'elle n'a jamais été une carrière pour un valai-
» san quelconque, et que ceux qui l'ont cultivée ne lui ont
» demandé qu'un délassement, une diversion à d'autres

» travaux, un noble exercice de l'intelligence Tout se bor-
» nait à des travaux isolés, partiels et incomplets. Les
» grands succès qu'elle a obtenus dans des circonstances
» si peu favorables, attestent l'esprit pénétrant et l'ardeur
» peu commune des personnages qui lui ont donné asile
» dans leurs études scientifiques, alors qu'elle était errante
» et comme frappée des anathêmes, ou au moins de l'in-
» différence de la plupart de nos lettrés.

» La Botanique, cette science si vaste dans son objet, si
» précieuse dans son application, et si féconde en agré-
» ments dans son étude, n'avait donc point encore occupé
» en Valais le rang honorable à laquelle elle avait droit.
» Cependant, si jamais la gracieuse Flore a eu de la prédi-
» lection pour une contrée, c'est bien le Valais qui a été
» gratifié de ses priviléges; or, après l'avoir si richement
» comblé de ses dons, ne semble-t-il pas juste qu'elle eût
» droit d'y recevoir des hommages proportionnés à ses
» bienfaits? Des contrées bien humbles et bien pauvres, à
» côté de l'orgueilleuse et riche végétation que nous foulons
» souvent aux pieds avec indifférence, tâchent d'exalter
» leurs produits par mille associations diverses, et l'aima-
» ble Flore qui avait fait de notre pays l'objet de ses faveurs,
» n'a point eu, jusqu'à présent, la satisfaction d'entendre
» dans une enceinte, s'élever les voix réunies de ses prosé-
» lytes valaisans, pour faire aimer ses dons, pour faire ad-
» mirer et publier ses richesses.

» Animés d'un même zèle, pénétrés des mêmes senti-
» ments, vous et moi, Messieurs, nous déplorions cet état
» de choses, et nous voyions avec amertume bien des dé-
» couvertes pleines d'intérêt, bien des travaux isolés, par-
» tout une excellente volonté frappés de stérilité, se mourir
» faute de cette sève vitale que donnent les associations, et
» s'ensevelir dans un oubli aussi outrageant pour le génie
» que nuisible pour la science. Une lueur d'espérance est
» venue luire à nos yeux. Nous avons bientôt reconnu que
» nous possédions les éléments propres à remplir ces la-
» cunes regrettables et que nous étions riches au sein même

» de ce que nous appelions notre indigence. Le remède se
» trouvait à côté du mal, il ne s'agissait que d'en faire
» l'application. — Cette application fut faite fort heureu-
» sement lorsque le 13 novembre dernier nous avons fondé
» notre Société Murithienne. — Je me hâte de rendre un
» hommage bien mérité à l'empressement que vous avez
» mis à répondre à l'appel qui vous fut adressé dans cette
» circonstance. Le projet de la société ne vous fut pas plu-
» tôt proposé que tous, sans exception, vous le saluâtes
» avec un dévouement plein d'enthousiasme. C'est alors
» que la Botanique s'assit joyeuse au fauteuil d'honneur
» que notre société lui a offert en Valais. Je ne sais, Mes-
» sieurs, si je vise trop haut, mais j'espère, pour notre
» société, l'honneur de surpasser en gloire bien d'autres
» sociétés étrangères, analogues et florissantes, autant que
» notre Valais surpasse les autres contrées par l'abondance
» et pour la variété de ses productions végétales. Ce but
» ne pourra être atteint que par l'intelligente et zélée
» coopération de chacun de nous.

» Messieurs, je reconnais que vous avez eu égard à mon
» dévouement, plutôt qu'à d'autres titres qui me manquent,
» dans la part distinguée que vous m'avez faite des hon-
» neurs de la société. Je vous remercie sincèrement de ce
» témoignage de votre bienveillance, et je m'efforcerai de
» justifier votre attente en consacrant aux intérêts de la
» société mon application et mes modestes connaissances.
» Je compte aussi sur votre concours, chers collégues; il
» est nécessaire pour arriver au but que nous nous sommes
» proposé.

» Ce but, ne l'oublions jamais : C'est de rassembler, par
» l'exploration complète de notre territoire, nos richesses
» végétales trop longtemps méconnues, et mettre en lumière,
» dans son temps opportun, toutes les découvertes dûes au
» zèle et aux talents des membres de la société. C'est de
» traiter en commun, sans prétention et sans passion, les
» questions diverses qui se rattachent à la Botanique dans
» toute son étendue, et qui peuvent contribuer à la con-

» naissance, à l'honneur, à l'amélioration ou au bien-être » du pays ; c'est d'offrir aux amis de la science des réu- » nions périodiques pour resserrer les liens produits par la » sympathie des mêmes études, et pour y causer entr'eux » de tout ce qui intéresse la science. C'est en un mot de » concourir d'une manière aussi charmante que sûre, aux » progrès de la Botanique en Valais. Tel est l'objet de cette » société, et si, comme je l'espère, nous restons fidèles à » ce programme, il nous est permis d'entrevoir un riant » avenir.

» Un vaste champ d'études et d'explorations s'ouvre » donc devant nous. Sans doute nous ne serons point les » premiers à visiter la plupart de nos vallées, de nos cols, » de nos coteaux. Le *Silene valesiaca* et l'*Artemisia valesiaca* » de Linné, le *Kœleria valesiaca* de Reichembach, ou l'*Aira* » *valesiaca* de Suter, d'Allioni et de Bertoloni, etc., etc., » attestent l'attention donné au Valais par les sommités » scientifiques et la célébrité traditionnelle de notre canton » pour le nombre et la rareté des végétaux. L'immortel » Haller et le célèbre Schleicher ont séjourné, le premier » à Roche, et le second à Bex, dans le but bien avoué » d'être à la porte du Valais afin de pouvoir y faire de » fréquentes excursions. Ces excursions dans notre pays » leur ont valu les plus beaux fleurons de cette couronne » de gloire qu'ils ont péniblement tressée en parcourant » nos vallées et nos montagnes. Parmi les botanistes à qui » la Flore du Valais a souri agréablement, nous pourrions » citer avec orgueil presque toutes les illustrations dont la » science s'est honorée et dont elle s'honore encore ; entre » autres, je ne puis passer sous silence devant vous, Mes- » sieurs, un nom qui nous est si familier dans l'étude de » nos plantes, un nom dont Murith fait des éloges si dis- » tingués dans son *Guide du botaniste en Valais*, un nom qui » se rattache à toute une généalogie de botanistes, ce nom, » votre reconnaissance l'a déjà prononcé : c'est l'illustre » famille Thomas, de Bex. Le nom de Thomas s'associe à » celui de Murith dans nos souvenirs et dans nos lectures

» botaniques, c'est à eux particulièrement, après Murith, » que la Flore du Valais doit sa haute renommée.

» Après tous ces hommes de génie, après tous ces her» boriseurs si intelligents et si exercés, le Valais pouvait-il » espérer d'offrir aux amis de la Botanique quelques espèces » à formes nouvelles et encore inédites? Murith a prévenu » notre réponse : « Je suis loin de prétendre, dit-il, que » mon catalogue contienne toutes les plantes qui croissent » en Valais; ce pays n'est point épuisé encore, et ceux qui » le visiteront, trouveront sûrement à glaner après nous. » » Les nombreuses et magnifiques découvertes des derniers » temps ont prouvé la justesse de la prévision de Murith. » Une partie de ces découvertes sont dûes, il est vrai, à des » étrangers; mais, disons à notre louange que les botanis» tes valaisans ont beaucoup contribué à l'agrandissement » de notre Flore.

» Parmi ceux de nos compatriotes qui ont bien mérité » de la Flore valaisanne depuis la publication de l'ouvrage » de M. Murith, nous nommons d'abord le pieux et savant » chanoine M. Blanc, prieur défunt de l'Abbaye de St» Maurice. Ce religieux dont le nom nous est resté gravé en » caractère de bénédictions, a exploré avec soin la vallée de » Bagnes et quelques autres vallées encore: malheureuse» ment pour la science, il n'a pas publié ses succès. Il a » laissé un petit herbier, peut-être aussi quelques notes qui » pourraient beaucoup nous intéresser; dans ce cas, nous » prierons ses vénérables confrères de vouloir bien nous les » communiquer. — A peu près en même temps, feu M. le » chanoine Rion travaillait avec ardeur à l'avancement des » études botaniques en Valais. La mort ne lui a pas permis » de terminer lui-même un ouvrage dont la publication se » fait encore attendre. Une espèce du genre *Ranunculus* porte » son nom et immortalisera sa mémoire. Parmi les travaux » des membres de notre société, j'aime à vous signaler les » vénérables services rendus à la science par M. le chanoine » De la Soie, notre vice-président. Il a recherché avec un » zèle qui l'honore toutes les formes différentes qu'il a ren-

» contrées du genre *Sempervivum ;* par ses soins, notr
» Flore se trouve enrichie d'un grand nombre d'espèces d
» ce genre intéressant : une de ces espèces porte son nor
» et rendra hommage à son mérite dans nos ouvrages scien
» tifiques. Les découvertes faites par M. le docteur Lagge
» notre collégue et notre compatriote, sont trop connu
» pour qu'il soit besoin de vous les rappeler ici. Plusieur
» espèces valaisannes qui portent son nom publient partou
» son zèle peu commun et son talent supérieur. Cet hono
» rable membre a envoyé pour l'herbier de la société un
» collection classique et des exemplaires authentiques d
» *Grimmiæ* et d'*Andreæ;* cette collection servira beaucoup
» faciliter les études cryptogamiques. Vous avez tous con
» tribué, Messieurs, à étendre le domaine de nos connais
» sances, les uns par les herborisations assidues, les autre
» par des recherches sur les propriétés et sur les usages d
» nos plantes. Pour ma part particulière, j'espère auss
» avoir contribué un peu à la gloire de notre Flore, en dé
» couvrant plusieurs variétés qu'on ne croyait point ren
» contrer dans notre canton. Je me propose de vous fair
» part de mes modestes succès dans notre réunion pro
» chaine. — A côté de nos travaux brillent mille découverte
» faites en Valais par MM. Reuter, Boissier, Muret, Rapin
» Chavin, etc., etc.

» Croirons-nous maintenant que notre tâche se borner
» à réunir ces matériaux disséminés ? Non, Messieurs, non
» Quand nous aurons réuni tous ces matériaux, nous au
» rons fait un grand pas, mais nous n'aurons point achev
» notre route. La voie n'est qu'ouverte, il nous reste à l
» parcourir. Sans doute, que sur les croupes de nos Al
» pes, dans plus d'un bassin de nos montagnes, sous plu
» d'un dôme de verdure, à côté peut-être de l'humble vio
« lette, qui orne nos haies, bien des choses nouvelles at
» tendent notre visite pour s'offrir à nos yeux avides d
» découvertes et pour nous fournir un puissant appas dan
» la voie des investigations ultérieures. Combien de vallon
» comme égarés au sein de nos montagnes, n'ont jamai

» été honorés de la visite d'un seul botaniste, et combien » de choses rares ou nouvelles n'y accueilleront-elles pas » leur premier visiteur ! Le Valais a déjà été bien parcouru, » il est vrai, mais il ne l'a point encore été comme il mérite » de l'être. C'est à nous qu'est réservée cette glorieuse mis- » sion. Si nous l'accomplissons fidèlement, tous les natu- » ralistes feront une fois de plus cet aveu de M. Gaudin, » le célèbre auteur de la Flore helvétique : *Quoad regni* » *vegetabilis thesauros, Valesia, extra omnem controversiam* » *cunctarum Helvetiæ regionum longe ditissima dici potest.*

» A l'œuvre donc, Messieurs et zélés coopérateurs, em- » pressons-nous, chacun dans notre sphère, de servir les » intérêts de notre association. Plein de confiance en votre » dévouement pour notre but scientifico-patriotique, je » m'estime heureux de vous ouvrir aujourd'hui la première » séance régulière de la Société Murithienne du Valais. » (Applaudissements).

Après le discours de M. le président on procède à la réception des nouveaux membres.

Dans cette séance les communications scientifiques n'ont pas été très-nombreuses, vu qu'elle s'est tenue au mois d'avril, époque où la Flore n'a pas encore étalé toutes ses richesses. Par contre l'herbier s'est enrichi d'un certain nombre d'envois de MM. le docteur Lagger, de Fribourg, De la Soie, de Sembrancher.

Le but de la société, tout en récoltant les plantes, est aussi d'indiquer, au moins approximativement, l'altitude et la situation où la plante est cueillie. Pour faciliter cette connaissance, M. De la Soie offre à la société un tableau donnant exactement la hauteur, en mètres, de plus de 400 stations à partir de St-Gingolph jusqu'aux plus hautes cimes qui couronnent le Valais.

Sembrancher a été désigné pour le lieu de la prochaine réunion.

Au dîner qui eut lieu à la cure de Vouvry, les sympathies et l'estime réciproque établirent les liens de la plus aimable fraternité. La municipalité qui s'était fait représenter dans cette circonstance, dans les personnes de MM le capitaine Alexandre Fumey, vice-président, et le capitaine Aldobrand Cornut, a offert un excellent vin d'honneur.

SÉANCE DU 2 SEPTEMBRE 1862

à Sembrancher.

Présidence de M. le chanoine P.-G. TISSIÈRE.

A l'heure indiquée, tous les membres se rendent en corps au lieu désigné, et qui était la maison même où M. le chanoine Murith avait reçu le jour. Le propriétaire actuel, M Emonet, avait eu soin d'orner les avenues par des arcs-de-triomphe. La chambre était décorée des tableaux de M. le Prieur Murith et de son père, entourés de guirlandes et d'inscriptions analogues à la circonstance.

M. le président ouvre la séance par un discours admirable sur la vie et les vertus de M. Murith. Nous ne reproduisons pas ici ce chef-d'œuvre, parce qu'il a déjà paru à la demande de l'assemblée qui en a voté l'impression. Le secrétaire donne ensuite lecture des lettres d'un certain nombre de membres qui acceptent le diplôme, en témoignant leur vive gratitude. — Vingt-un membres, tant actifs qu'honoraires, ont été reçus.

L'herbier s'est accru de plusieurs dons, ainsi que les archives d'un certain nombre d'ouvrages scientifiques. M. le chanoine Métroz envoie une collection de plantes du Grand-St-Bernard; M. Taramarcaz, de Sembrancher, 222 plantes, en partie du Jura; M. Lagger, un fascicule de plus de cent plantes étrangères, des environs de l'Ohio et du Taurus; le même 112 plantes du Haut-Valais, dont quelques-unes nouvelles pour le pays et même pour la Suisse;

M. Jean-Louis Thomas, de Bex, deux collections de plantes, parmi lesquelles on remarque le (Lepidium draba). Le même membre fait aussi cadeau des ouvrages suivants :

1° *Icones pictæ specierum rariorum Fungorum in synopsi methodicâ descriptarum a C. H. Person.* Fasciculus primus *Paris* et *Strasbourg.* 1803 in-4° avec 12 planches coloriées.

2° *Floræ italicæ fragmenta, aut. Viviani.* Fasciculus primus cum tabulis æneis XXVI. — Genuæ, grand in-4°.

3° *Monographie des cinq genres de plantes que comprend la tribu des lasiopétalées dans la famille des Büttneriacées par J. Gay.* 1821, in-4° de 38 pages et 8 gravures.

M. J. de Notaris, professeur, à Gènes, envoie la première partie de l'ouvrage important qu'il publie en ce moment : *Musci italici,* Autore J. de Notaris. — Genuæ 1862.

M. Gal, prieur de St-Ours, à Aoste, fait don d'une brochure, intitulée : *Coup-d'œil sur les antiquités du duché d'Aoste, par le chevalier J.-A. Gal. 1862.* [1]

M. d'Angreville entretient l'assemblée sur le *Lathyrus tuberosus,* L., comme aliment et dont les tubercules peuvent avantageusement remplacer les truffes, comme il l'a vu dans un récent voyage.

M. le chanoine Deléglise intéresse la société en lui racontant le phénomène extraordinaire d'un noyer, de 10 à 12 pouces de diamètre, à Domo d'Ossola, qui ne fleurit jamais avant ou après le 23 juin, que le printemps soit hâtif ou tardif.

M. Charles Haussknecht communique la liste des plantes suivantes, trouvées dans le rayon de la Flore valaisanne : *Arabis saxatilis,* All. — Jeur-brûlée. *Lepidium draba,* L., les champs près de Sion ; le long des chemins au-dessus d'Aigle, Bex. *Vesicaria utriculata,* Lmk., dans la voie du chemin de fer à Vernayaz. *Viola virescens,* Jord., environs de Villeneuve, Aigle, St-Triphon. *Viola sciatophylla,* Jord.,

[1] M. Luder, chanoine et recteur de l'hôpital de St-Maurice, fait don de 20 francs, applicable à l'achat du sceau.

aux mêmes localités. *Viola abortiva*, Jord., au-dessus d'Ai gle. *Viola multicaulis*, Jord., Aigle, St-Triphon, Yvorne, etc *Viola collina*, Bess, au-dessus de Villeneuve, le long d Pissot. *Viola sciaphila*, Koch, dans les buissons de Mont Orge. *Viola stevinii*, Bess, Valère, Mont-Orge, Tombey prè d'Ollon. *Viola calcarata*, var. *flava*, Koch, Pierre-à-Voir. *Py rola uniflora*, L., Pierre-à-Voir. *Silene bryoides*, Jord., Jarver naz. *Buffonia macrosperma*, Gay, près du pont d'Ardon. *Are naria leptoclades*, Gus., près du Bouveret. *Geranium aconitifo lium*, L'Her., Pierre-à-Voir. *Torilis nodosa*, Grtn., le long d chemin dans le village de Charnex. *Genista radiata*, Scop dans les buissons entre la station et le village d'Ardor *Vicia Bobartii*, Forst, buissons à St-Triphon. *Vicia hybrid* L., chemin entre Montreux et Chillon. *Vicia peregrina*, mê mes lieux. *Lathyrus palustris*, L., Illarsaz. *Potentilla inclinat* Vill., au-dessus des Marques. *Saxifraga controversa*, Stbg Pierre-à-Voir, Tzermontanaz. *Saxifraga diapensioides*, Bel vallée de Bagnes. *Saxifraga planifolia*, Lap., col de la Fe nêtre, Bagnes. *Galium elongatum*, Presl., marais du Bouvere *Lappa minor*, D. C., depuis Vétroz à Sion. *Lappa pubescen* Bor., aux mêmes lieux. *Sonchus Plumieri*, L., mont d'Aless *Hieracium collinum*, Rap., St-Léonard, côte des Marques *Hieracium multiflorum*. Schl., au-dessus de Saxon. *Hiera cium pulmonarioides*, Vill., rochers près du pont de St Maurice. *Saussurea Alpina*, D. C., Tzermontanaz, avec l *Gentiana punctata*, L. *Gentiana purpurea*, L., et *Gentian Gaudiniana*, Thom. *Campanula valdensis*, All., au-dessus d Saxon, Tzermontanaz. *Campanula rotundifolia* var. *confert folia*, Reuter, au-dessus de St-Pierre au St-Bernard. *Chlor serotina*, Koch, vallée du Rhône, Illarsaz. *Cuscuta trifoli* Babg., Sion, Martigny, St-Maurice. *Orobanche scabiosa*, Koch Rossétan, près Martigny. *Calamintha nepetoides*, Jord., Ar don, Aigle. *Calamintha nepeta*, Clair., au bord des chemin dans la vallée d'Aoste. *Scutellaria Alpina*, var. *flor. albis*, au dessus de Saxon. *Orchis incarnato-palustris*, au-dessus d'Ai gle. *Limodorum abortivum*, Swartz, Ardon. *Scirpus Duvali* Hop., Bouveret, le long du lac contre Villeneuve. *Bromu maximus*, Guironi, Parlàt. chemin de fer entre Montreux et Chillon.

Nous devons à l'obligence de M. De la Soie, les notes suivantes sur une excursion qu'il a faite dans la vallée de Bagnes, en juillet 1862.

En sortant de Sembrancher, après avoir passé le pont qui conduit à Bagnes, on trouve sur les murs du chemin : le *Bromus squarrosus*, L. *Dianthus prolifer*, L., un peu plus haut contre le rocher de l'Aromanet : *Sempervivum acuminatum*, Schoott. Dans les prés d'Itiez l'*Arabis verna*, Brw. *Viola arenaria*, D.C. — Arrivé au Chables, si le botaniste prend la route du village de Fontenelle, il aura la satisfaction d'y récolter le *Nepeta nuda*, L. Après avoir dépassé Champsec, dans les glariers avant d'arriver au village des Mornioz on trouve : *Epilobium Fleischeri*, Hochst. Sur les murs du village de Lourtier le *Cynosurus echinatus*, L. En sortant de Lourtier, sur les mamelons qui avoisinent la route, *Hieracium pilosella*, L. *H. pilosella*, var. *peleterianum*, Gaud. C'est en cet endroit que M. Thomas a trouvé le *Hieracium amplexicaule*, var. *aureum*, Gaud., connu aujourd'hui sous le nom de *H. ligusticum*, Fries.

On gravit ensuite les rocailles au haut desquelles croît l'*Agrostemma flos jovis*, L.

C'est ici que la vallée commence à se resserrer pour ne laisser qu'un étroit passage à la Drance qui précipite avec fracas ses eaux écumantes dans l'abîme.

Bientôt on atteint les mayens dits Granges-Neuves. Le long des rochers à gauche de la route j'ai cueilli le *Hieracium longifolium*, Schl., et le *H. prœnanthoides*, Vill.

Ici l'on se trouve à l'altitude approximative de 1800 mètres.

Au fond de Mazéria, avant de prendre la montée de Mauvoisin on voit sortir des fentes du rocher calcaire, à gauche de la route le *Saxifraga diapensoides*, Bell. Le botaniste qui désire se procurer cette rareté en fleurs, fera bien d'y aller à la fin de juin.

A Mazéria, en montant depuis le premier chalet jusqu'à

celui de dessus, aux environs du chalet supérieur, fleuri le *Potentilla nivea*, L. (indication de M. Muret).

Ici, il faut passer le pont de Mauvoisin, jeté sur un profondeur effroyable, au sortir duquel vous entrez, pou ainsi dire, dans un jardin botanique, appelé Giétroz.

La première plante qui se présente à vous en sortar du pont, à gauche, c'est le *Betula Murithi*, Gaud. Vou trouvez ensuite le *Festuca alpina*, Gaud. — *Huguenini tanacetifolia*, Rb. — *Gentiana glacialis*, Thom. — *Gen cruciata*, L. — *Gent. purpurea*, L. — *Thalictrum fœtidun Th. minus*, L. — *Th. aquilegifolium*, L. — *Drias octopetola* L. — *Empetrum nigrum*, L. — *Alismaplantago*, L. — *Sedun Anacampseros*, L. — *Salix myrsinites*, L. — *S. cinerea*, L. — *S. arbuscula*, L. — *Sal. reticulalata*, L. — *Sal. retusa*, L. — *Sedum vilosum*, L. — *Sed. repens*, Schleich. — *Sed. atratum* L. — *Pyrola rotundifolia*, L. — *Pedicularis rostrata*, L. — *Ped. tuberosa*, L. — *Ped. incarnata*, Jacq. — *P. recutila*. I *Aquilegia alpina*, L. — *Androsace glacialis*, Hop. — Var. *fleur blanche*. — *Primula villosa*, Jacq. — *Alnus viridis*, D. — *Epipactis rubiginosa*, Gaud. — *Carex Davalliana*, L. — *C. Capillaris*, L. — *C. ferruginea*, Scop. — *Aconitum pani culatum*, Lmk. — *Arabis alpina*, L. — *Hedysarum obscurum* L. — *Geum montanum*, L. — *Imperatoria ostruthium*, L. — *Lonicera xylosteum*, L. — *Lonicera alpigena*, L. — *Aronicum glaciale*, Rehb. — *Saxifraga aizoides*, L. — *Doronicum pardalianches*, L. — *Angelica montana*, Gaud. — *Achille macrophylla*, L. — *Valeriana montana*. L. — *Anemone al pina*, L. — *Rhododendron ferrugineum*, L. — *Poa minor* Gaud. — *P. sudetica*, Hnk.

Toutes ces plantes croissent à l'altitude approximativ de 2000 mètres, sur un terrain calcaire, formant une émi nence dont la longueur peut atteindre 20 à 30 minutes.

C'est sur ce même monticule que, par les soins de M Besse, préfet du district, et de M. le docteur Carron, on vient de construire cette année un pavillon où le voyageu pourra se restaurer et se loger confortablement.

On descend ensuite une pente très-rapide qui condui

au glacier qui, en 1818, causa tant de dégâts dans la vallée de Bagnes, pour porter ensuite ses ravages sur Sembranbrancher et Martigny. Au sortir de ce glacier vous entrez dans la plaine de Torrembec dont une partie est marécageuse. Là croissent le *Juncus alpinus*, Vill. — *Carex frigida*, All. — *Carex tenuis*, Host. — *Festuca ovina*, L.

Au fond de Torrembec, en montant le versant qui conduit à la montagne voisine, sur des crêtes entrecoupées de petits ruisseaux, on trouve le *Carex ustulata*, Whlbg., plante rare (indication de M. Muret).

Après une petite montée assez rapide, on arrive au premier grenier de Tzermontanaz. Ici il faut repasser le pont sur la Dranse pour atteindre les premiers pâturages de Tzermontanaz. Cette montagne qui est la plus élevée, et coupée en deux par des glaciers énormes, offre au botaniste plusieurs plantes intéressantes. Voici le nom de quelques-unes :

Phaca astragalina, D.C. — *Oxytropis campestris*, D.C. — *Oxytropis fœtida*, D.C. — *Astragalus leontinus*, Wulf. — *Herniaria alpina*, Vill.

Sur la hauteur de Camprion, alt. 2290 m. *Potentilla nivea*, L. — *Gnaphalium leontopodium*, Scop. — *Saxifraga controversa*, Stemb.

Près du glacier et aux environs du chalet de Grand Tzermontanaz : *Saxifraga biflora*, All. — *S. aspera*, L. — *S. bryoides*, L. — *S. muscoides*, L. — *S. planifolia*, Lap. — *S. Seguieri*, Spr. — *S. Androsacea*, L. — *S. controversa*, Stemb. — *Erigeron acris*, L. — *Artemisia glacialis*, L. — *Art. mutellina*, Vill. — *Art. spicata*, Wulf. — *Achillea moschata*, Wulf. — *Ach. nana*, L. — *Ach. atrata*, L. — *Senecio incanus*, L. — *Saussurea depressa*, Gren. — *Potentilla minima*, Hal., fils. — *Potent. Sabauda*, D.C. — *Aquilegia alpina*, L. — *Leontodon pyrenaicus*, Goan. — *Hieracium alpinum*, L. — *Campanula cœnisia*, L. — *Veronica bellidifolia*, L. — *Bartia alpina*, L. — *Androsace obtusifolia*, L. — *And. carnea*, L. — *Salix nigricans*, Fries. — *Nigritella angustifolia*, Reich. — *Lloydia serotina*, Salib. — *Juncus Jacquini*, L. — *Juncus trifidus*, L. — *Carex fœtida*, All. — *C. nigra*, All. — *Car atrata*, L. — *Anemone baldensis*, L.

En passant le sommet du col de la Fenêtre dont la hau teur peut être de 2800 m. pour descendre à la Valpeline on trouve : L'*arabis bellidifolia*, Jacq. — *Arabis cærulea* Hænk. — *Androsace glacialis*, var., blanche et rose. — *Hutchinsia affinis*, Gren.

Dans la descente sur Olomond : *Galium rubrum*, Gaud. — *Hieraciam elongatum*, Willd. — *Picris villarsii*, Jord. — *Silene valesiaca*, L. — *Festuca valesiaca*, Gaud.

Près du village de Valpeline : *Calamintha nepeta*, *Clairv*

Je termine ici ma relation, parce que je crois être arriv à la limite de notre Flore.

M. le docteur Lagger parle de l'introduction en Valais de l'*Allium strictum*, Schrad., qui a été très-probablemen apporté à Zermatt, dans des temps très-reculés, par le Bohémiens qui s'en servaient comme plante culinaire e médicinale.

M. le chanoine De la Soie, présente à la société un catalogue des *Hieracia* qui croissent spontanément dans notre Flore. On verra par cette liste, encore incomplète, nou dit-il, combien la science a progressé depuis M. Murith.

Son *Guide du botaniste en Valais* porte le nombre de *Hieracia* à 33, y compris les différentes variétés, tandi qu'en ce moment nous en comptons près de soixante bie déterminés.

M. De la Soie témoigne toute sa reconnaissance à M Lagger pour toutes les notes et tous les renseignement désirables qu'il a bien voulu lui fournir sur cette matière ainsi qu'à M. Christiner, de Berne.

LES HIERACIA DU VALAIS

par M. le Chanoine DE LA SOIE.

SUBGENUS I.

PILOSELLA. — Fries.

I. Pilosellina.

1. **H. Pilosella,** L. Commun dans les prés secs, le bord des chemins; Sembrancher, Vollége, etc.; il croit même dans la région alpine. Mai, juin, septembre.

a) NIVEUS, Müller. A Tourbillon, près Sion (Tavernier), Bovernier. Juillet, août.

b) INCANUM, Gaud. Près de l'hospice du Simplon (herbier Godet). Juin, juillet.

INCANO-FURCATUM, Lag. A Diestel, Conches (Lagger). Juin, juillet.

c) HOPPEANUM, Koch. A la Nüfenen (prof. Heer, Lagger).

d) PELETERIANUM, Gaud. A Catognes, Lourtier, St-Bernard, Bémont-sur-Bovernier. Juillet.

2. **H. Sphærocephalum,** Frœl. Sur le mont de Fully (herbier Godet). Juillet, août.

Obs. Sous ce nom M. Rapin réunit deux formes tout à fait distinctes, rares chez nous, provenant probablement du croisement de le *H. pilosella* avec le *H. prœaltum.*

a) HYBRIDUM, Gaud. Les Posses au-dessus de Bex (Em. Thomas), Louëche (Rapin). Mai, septembre.

b) HYBRIDUM, Gaud. Diffère de la forme précédente par l'absence de stolons, par sa tige droite plus haute (40 cent.); par ses feuilles oblongues-lanceolées, fermes, semblables à celles du *H. prœaltum*; par ses capitules de grosseurs très-médiocres. La Combaz, près de Bex (Em. Thomas).

3. **H. Brachiatum,** Bertol. A Bovernier (De la Soie). Juin, juillet.

II. Auriculina.

4. **H. Auricula**, L. Sembrancher, Vollége, Bovernier. Juin, juillet.

5. **H. Aurantiacum**, L. On le trouve à la Pierraz, à Catognes, au chalet derrière, à Larpettaz. Juillet.

a) Luteum, Fries. A Zermatt (Lagger). Juillet.

III. Rosella.

6. **H. Glaciale**, Lach. Au sommet de Catognes, à Bovaire sur Liddes. Juillet.

7. **H. Laggeri**, Schultz, Bip. Dans la vallée d'Eginen (Lagger). Juillet.

8. **H. Alpicola**, Schl. Il croit dans la vallée de Saas, au Simplon (Meilland). Juillet, août.

IV. Cymella.

9. **H. Florentinum**, All. Commun dans l'Entremont, Sembrancher. Juillet.

10. **H. Præaltum**, Vill. Entre Sembrancher et Bovernier. Juillet.

11. **H. Sabinum**, Sch. et All. Sembrancher, à la Peccaz; Bovernier, sur les Grands-Molars; au-dessus de Fully. Juin, juillet.

Obs. D'après des échantillons que j'ai envoyés à M. Christiner, à Berne, sous le nom de *Sabinum*, il les a pris pour le *prœaltum*, v. *zizianum*, Fries.

SUBGENUS II.

ARCHIERACIUM. — Fries.

I. Aurella.

12. **H. Alpinum**, Lin. Au Grand-St-Bernard, à Catognes, Tzermontanaz. Juillet.

13. **H. Rhæticum**, Fries. Dans la vallée de Binn (Lagger). Juillet.

II. Amplexicaulia.

14. **Amplexicaule**, Lin. Sembrancher, au mont Clou. Juin, juillet.

15. **H. Ligusticum**, Fries. Cette espèce a été découverte par Louis Thomas, dans la vallé de Bagnes, au-dessus de Lourtier. Juin, juillet.

16. **H. Pulmonarioides**, Vill. Sembrancher, sur le Roc-percé. Juin, juillet.

17. **H. Pseudo-cerinthe**, Koch. Sous le roc de la Rappaz, Sembrancher, à Bagnes, il n'est pas abondant; il aime le terrain calcaire. Juillet.

III. Cerinthoidea.

18. **H. Longifolium**, Schl. Au Bourg de St-Pierre, à Bagnes, au lieu dit Granges-Neuves; à Catognes. Juillet.

IV. Villosa.

19. **H. Glanduliferum**, Hopp. Au St-Bernard, à Bovaire, à Catognes. Juillet.

20. **H. Schraderi**, Schl. Au Bourg de St-Pierre, au St-Bernard. Juillet.

21. **H. Gaudini**, Christ. A la Gemmi (Christiner). Juillet, août.

22. **H. Villosum**, Lin. A Catognes, au St-Bernard. Juillet.

Var. Hirtum, Lagger. Cette variété remarquable, je l'ai trouvée à la Rappaz, en société avec le *H. Delasoïïci*, le *Jacquini* et le *pseudo-cerinthe*. Juin, juillet.

23. **H. Scorzoneræfolium**, Vill. A Catognes. Juillet.

24. **Speciosum**, Rapin. A Zermatt (le curé Ruden). Août.

V. Glauca.

25. **H. Glaucum**, All. Sembrancher, au Plaçuit. Juin.

26. **H. Bupleuroides**, Gmel. A Zermatt. Juin, juillet.

27. **H. Delasoïïci**, Lagger. J'ai trouvé cette espèce pour la première fois en 1855, à la Rappaz, près de Sembrancher, je l'ai retrouvée depuis, avant d'arriver à Champé et à Catognes. On l'avait confondue jusqu'à présent avec le *Galucopsis* Gren. et God.; mais d'après Fries et Grenier c'est une espèce différente. Juin, juillet.

SER. II.

PULMONARIA.

I. Andryaloidea.

28. **H. Lanatum,** Vill. Sembrancher, Saxon, Brigue, Zermatt; il se plaît dans les terrains schisteux. Mai, juin,

29. **H. Laggeri,** Jord. Dans la vallée de Binn (Lagger). Juillet.

30. **H. Pictum,** Schl. Sembrancher, à la Peccaz, çà et là sous le rocher de l'Aromanet. Juin.

31. **H. Jacquini,** Vill. Sembrancher, dans les fentes des rochers calcaires. Juin.

II. Oreada.

32. **H. Rupicolum,** Fries. Sous les rochers du Clou, à la Fory de Sembrancher, à Bovernier. Juin, juillet.

33. **H. Cinerascens,** Fries. Sembrancher, à la petite forêt du Vernet, dans la forêt avant d'arriver au lac de Champé; il aime les débris du *Pinus sylvestris.* Juillet, août.

III. Vulgata.

34. **H. Oxydon,** Fries. Dans la vallée d'Eginen, district de Conches (Lagger). Juillet.

35. **H. Murorum,** Lin. Commun sur les murs, les rochers, Sembrancher. Juin.

a) ALPESTRE, Griseb. Catognes, près du chalet. Juillet.

b) PRÆCOX, Schutz. Sembrancher, en montant au Clou. Juin.

c) SYLVATICUM, Fries. Sembrancher, dans les bois et forêts. Juin.

36. **H. Atratum,** Fries. Dans la vallée d'Eginen, à Conches (Lagger). Août.

37. **H. Vulgatum,** Fries. Commun dans l'Entremont. Juillet, août.

38. **H. Pollichiæ,** Schutz. C'est une forme du *H. Vulgatum.* Juillet.

39. **H. Hispidum,** Fries. Au Grimsel (Lagger), au Simplon (Meilland). Juillet.

IV. Alpestria.

40. **H. Macilentum,** Fries. A la Nüfenen (Lagger). Août.

41. **H. Gombesne,** Lagger. Vallée d'Eginen (Lagger). Juin, juillet.

42. **H. Juranum,** Fries. Au Clou, sur Sembrancher. Juin, juillet.

SER. III.

ACCIPITRINA.

I. Iridentata.

43. **H. Gothicum,** Fries. A Bex (Dr Muret). Juillet, août.

44. **H. Tridentatum,** Fries. Dans la vallée de Zermatt. Juillet.

II. Prenanthoidea.

45. **H. Picroïdes,** Vill. Sur le Grimsel (Vulpius, Lagger). Août.

46. **H. Cydoniæ folium,** Vill, Au pied de la Nüfenen, Conches (Lagger), au Rossboden, vallée d'Eginen (Lagger). Août.

47. **H. Prenanthoides,** Vill. Dans la région sous alpine, Sembrancher, Bagnes, Bourg-de-St-Pierre. Août.

48. **H. Valesiacum,** Fries. A Chemin, au mont Clou, à Viéges. Août.

Obs. Il existe deux formes de *Valesiacum*; l'une, c'est le *H. Sabaudum hybridum*, Gaud, on le trouve près de Viéges. L'autre est le *H. Sabaudum lanceolatum*, Gaud. Je l'ai trouvée au Fay, près de Sembrancher. Août, septembre.

III. Foliosa.

49. **H. Corymbosum,** Fries. Près de Bovernier, trouvé par M. Lagger en 1867.

IV. Umbellata.

50. **H. Umbellatum,** Lin. Sur Bovernier, à la Fory, Sembrancher. Août, septembre.

a) LACTARIS, Bart. A Chemin, en société avec le *Valesiacum*. Septembre.

b) Minus. Fries. A Sierre, près de la tour de M. de Courten. Septembre.

Obs. J'ai trouvé au-dessus de Bovernier, près de Bémont, un *H. Umbellatum* d'une variété remarquable, à cause des poils glanduleux de l'involucre et de la tige poilue. Je l'ai appelée provisoirement *H. Umbellatum* var. *hirtum*. Septembre.

V. Pseudo-stenotheca.

51. **H. Intybaceum,** Jacq. Au Blasenhorn (Lagger), au Simplon (Meilland). Juillet.

SUBGENUS III.

STENOTHECA. — Fries.

I. Tolpidiformia.

54, **H. Staticefolium,** Vill. Commun dans les lieux pierreux et graveleux de l'Entremont. Juin, juillet.

L'assemblée décide que la prochaine réunion aura lieu à Sion.

Après la séance, M. Emonet présente le vin d'honneur aux assistants. Les sociétaires se rendent ensuite au banquet préparé par les soins de M. le conseiller d'Etat Luder, actuellement préfet du district.

SÉANCE DU 1er SEPTEMBRE 1863

tenue à Sion.

Présidence de M. le Chanoine TISSIÈRE.

M. le président, dans son discours d'ouverture, fait ressentir avec un talent admirable les rapports intimes qu'ont les sciences physiques et naturelles entr'elles. Ce discours ayant déjà paru dans la *Gazette du Valais*, nos 75 et 76 (17 et 20 septembre 1863), nous ne le reproduirons pas.

On reçoit six membres actifs et deux membres honoraires. Depuis la dernière séance, l'herbier s'est accru de quelques jolis envois faits par M. Lagger : une centurie de plantes de la Scandinavie ; de M. Edouard Huet, du Pavillon, à Genève, 213 plantes de la Sicile et des Abruzzes ; de M. Aloys Supersaxo, une centaine de plantes de la vallée de Saas ; de M. Monniez, professeur de Mathématiques, à Louhans, un fascicule de plantes de France ; de M. Tissière, un fascicule de plantes du Valais.

La bibliothèque a reçu les dons suivants, de M. d'Angreville, de St-Maurice : *la Flore valaisanne.*

De M. Lagger, Dr : 1° *Monographiæ Andrearum scandinaviæ Tentamen.* Autore J. E. Zetterstedt. 2° *Dispositio Muscorum frondosorum in monte Kinnekulle nascentium.* Autore J. E. Zetterstedt.

De M. Edouard Huet, au Pavillon : 1° *Introduzione alla Storia naturale, delle Madocice, scritta da Franesco Mina-Palumbo.* 2° *Description de quelques plantes nouvelles des Pyrénées*, etc., par Alfred Huet, du Pavillon.

De M. Rapin : *Guide du botaniste dans le canton de Vaud*, par D. Rapin.

De M. le professeur J. de Notaris, à Gènes : *Osservazioni su alcune specie di aire italiane*, par G. de Notaris.

Du même et de M. Baglietto, les trois premiers numéros du *Commentairo della Societa Crittogamologica italiana.*

M. J.-L. Thomas fait voir des échantillons du *Ranunculus glacialis* à *feuilles doubles* qu'il a cueillis au glacier de Cambrener, canton des Grisons.

M. le chanoine De la Soie présente de magnifiques échantillons de l'*Androsace imbricata*, Lamk., qu'il a récoltés dans les fentes des rochers calcaires qui sont à droite en montant au glacier d'Ornex, sur Orsières. Cette plante n'avait été indiquée jusqu'à présent que dans la vallée de Zermatt.

Le même fait part à la société d'une excursion botanique qu'il a faite le 6 juillet 1863, à Larsey, Scy-Blanc,

Moy, Mille, Salvay et Bovaire, montagnes qui dominent la partie gauche de la vallée de Bagnes.

« Dans la forêt au-dessus de Sembrancher, j'ai rencontré le *Stachys alpina*, L. — Le *Ranunculus lanuginosus*, L. — Le *Pyrola secunda*, L. — *Pyrola uniflora*, L. — *Pyrola rotundifolia*, L. — Le *Nœtia nidus-avis*, Richard. — *Lorchis maculata*, L. — Le *Monotropa hypopitys*, L. — En arrivant aux mayens de Mombron : Le *Digitalis Grandiflora*, L. — Un peu plus haut l'*Anemone alpina*, var. *sulphurea* ; et aux environs du chalet de L'arsey : *Lonicera alpigena*, L. — Le *Daphne mezereum*, L. — A la montagne du Scy-Blanc, je n'y ai observé que les plantes vulgaires de toutes les Alpes. Cependant, arrivé à la pointe de Moy, j'ai trouvé le *Draba frigida*, Saut. — Le *D. tomentosa*, Whly., e tle *D. Johannis*, Host. — En traversant la vallée de la montagne de Mille à celle de Salvay, j'ai recueilii le *Saxifraga controversa*, Stbg. — L'*Aretia pennina* et le *Geum reptans*.

» Etant revenu sur mes pas pour passer le col d'Erraz, j'ai encore retrouvé, parmi des éboulis schisteux, le *Saxifraga controversa*, Stbg. — Le *gnaphalium Supinum*, L., et le *Gentiana glacialis*, Ab. Thomas. — A l'alpe de Bovaire, on trouve le *Gentiana nivalis*, L. — L'*Achillea moschata*, L. — *Ach. atrata*, L. — Sur les moraines du glacier : l'*Epilobium Fleischeri*, Host. — *Gentiana tenella*, Rottb., à fleurs blanches. — *Artemisia mutellina*, Vill. — *Alsine verna*, Bartl. — Sur les pentes de gazon qui avoisinent le torrent, le *gentiana punctata*, L. — Le *Campanula thyrsoidea*, L. — Le *Hieracium angustifolium*, Hop. — Le *Cerastium glaciale*, Gaud. — Enfin, dans la descente au-dessus du Chappuis, le *Saxifraga Murithiana*, Tissière. »

M. Goumand, relate un cas d'empoisonnement d'une vache par l'*Euphorbia cyparissias*, L. — Voici ce qu'il dit à ce sujet :

« Vers le milieu de juin 1862, je fus appelé sur la montagne des Herbagères, près du col de Balme, pour donner des soins à une vache fort malade.

» Cet animal qui, la veille, jouissait d'une santé parfaite, présenta tout à coup de graves symptômes d'enterite. Lorsque j'arrivai, à midi, auprès de la malade, elle était morte.

» A l'autopsie, tous les caractères d'une intoxication se présentèrent, tels que traces de vive inflammation sur les organes abdominaux, mais particulièrement sur les estomacs, les intestins et le péritoine; leurs tissus offraient de larges ecchymoses très noires; l'abdomen était ballonné.

» Bien certain d'avoir à faire à un cas d'empoisonnement, il me restait à découvrir la nature du poison.

» L'ouverture du réservoir stomacal me fit constater dans ce visière une quantité de matières végétales non élaborées, parmi lesquelles je distinguai beaucoup d'Euphorbe (*Euphrobia cyparissias*, L.).

» Je visitai aussitôt les haies où avait dû paître l'animal; dans ces pâturages l'Euphorbe y est tellement multipliée que je ne doutai plus un seul instant que cette plante acre fut cause de l'empoisonnement. »

M. le chanoine Tissière communique à la société la diagnose de deux espèces nouvelles pour notre Flore :

Le **Saxifraga Murithiana** et le **Gentiana ramulosa**. TISSIÈRE.

« M. De la Soie, dit-il, mon confrère et notre collègue qui, en botaniste zélé et intelligent, explore surtout le district qu'il habite, a cueilli pour la première fois, en 1863, un *Saxifraga* dont les formes particulières lui parurent intéressantes. Lors de notre séance tenue à Sembrancher, il voulut bien me communiquer cette espèce, ainsi qu'à M. le Dr Lagger. Nous ne tardâmes pas à soupçonner que ce pouvait être une heureuse découverte propre à enrichir notre Flore. Mes deux collègues me prièrent d'étudier avec soin ce produit végétal, et je le fis avec toute l'application dont j'étais capable.

» Mes observations me portèrent à conclure que c'était vraiment une espèce nouvelle. Mais, me défiant de mes propres lumières et ne voulant pas vous proposer trop légèrement cette nouvelle production, j'ai soumis mes recherches et la plante à l'examen de M. Jordan. Le célèbre botaniste a sanctionné de sa grave autorité scientifique mon jugement sur la nouveauté de ce *Saxifraga*.

» J'ai donc lieu d'espérer que la Société Muritienne honorera de sa faveur la diagnose de cette espèce que j'ai l'honneur de lui communiquer.

» M. De la Soie m'ayant exprimé le désir qu'en cas de nouveauté, la plante fut dédiée à la Société Murithienne j'ai accédé à ce vœu aussi bienveillant qu'honorable et j'ai donné à ce *Saxifraga* le nom spécifique de *Murithiana*. »

En voici le diagnose :

Saxifraga Murithiana. TISSIÈRE.

Fleurs solitaires, sessiles au sommet des tiges pédonculiformes. Tube du calice, poils glanduleux, ainsi que les cils des divisions du limbe; celles-ci ovales-obtuses. Pétales dressés, oblongs, obtus, dépassant à peine ou peu les étamines. Feuilles inférieures fanées, persistantes, oblongues, obtuses, la face supérieure canaliculée; les caulinaires opposées, un peu écartées, plus rapprochées au sommet où elles forment des rosettes terniales, lancéolées, planes, poilues, ainsi que les pédoncules et bordées de cils souvent glanduleux. Souche ligneuse, émettant un grand nombre de tiges couchées, étalées, rameuses, le plus grand nombre stériles, quelques-unes florifères.

Cette espèce est très-voisine du *S. oppositifolia*, L. Elle s'en distingue cependant par le tube du calice poilu, glanduleux; par les pétales dépassant peu les étamines; par les feuilles caulinaires un peu écartées et non imbriquées sur quatre rangs très-serrés, lancéolées, planes, poitues, etc., elle a été cueillie au-dessus de Liddes (Entremont), entre les chalets du Chappuis et de Bovaire. Juillet.

Dans une herborisation que M. Tissière fit sur le Simplon, en juillet 1862, il découvrit un Gentiane encore inédit pour le Valais. Voici la description de ce nouveau produit :

Gentiana ramulosa. TISSIÈRE.

Fleurs pédonculées, solitaires au sommet de la tige et des rameaux. Calice cylindrié, faiblement renflé, pentagone plus ou moins ailé, à cinq lobes lancéolés-aigus; les angles sont marqués par des veines brunes qui tendent à envahir toute la partie supérieure du calice, à cinq lobes ovales, aigus, entiers. Anthères libres. Feuilles radicales en rosettes, obovales; les caulinaires (sur la tige et les rameaux) à peu près aussi grandes que les radicules, ovales, aiguës, presque enguinantes. Tige de 6 à 12 centimètres, y compris la fleur, ordinairement très-rameuse dès la base, simulant ainsi une souche multicaule. Rameaux axillaires, alternes ou épars, mais jamais opposés, émettant des rameaux secondaires de même nature; les primaires s'élevant généralement au niveau de la tige, donnent à la plante l'aspect d'une inflorescence sub-corymbeuse. Souche grêle, peu divisée. Fleurs plus grandes et d'un bleu plus vif que dans le *G. nivalis.*

Cette espèce me paraît devoir prendre place dans notre Flore entre le *G. utriculosa* et le *G. nivalis.* Elle se distingue de l'*Utriculosa* par le calice moins longuement ailé, par la corolle non denticulée, etc., elle a des rapports plus intimes avec le *G. nivalis,* elle en diffère cependant : 1° par le calice légèrement renflé, non caréné, mais plus ou moins ailé, anguleux ; 2° par l'inflorescence généralement sub-corymbeuse: 3° par les fleurs plus grandes et d'un bleu plus vif; 4° par les rameaux ordinairement plus nombreux dès la base et simulant une souche multicaule; 5° par les rameaux secondaires qui manquent absolument dans les nombreux échantillons du *G. nivalis* que j'ai récoltés.

J'ai cueilli cette espèce dans une prairie montagneuse, sur le plateau où est situé l'hospice du Simplon. Elle y croit en société de ses congénères le *G. bavarica* et le *G. nivalis.*

Le même fait aussi part de quelques espèces qui ne figurent pas encore dans nos catalogues et qui doivent y être intercalées.

1. **Arabis sagittata,** D. C. Bord des haies vives, prairies à la lisière des bois. Elle est assez commune à Vouvry, entre le village et la Porte-du-Scex. Mai.

2. **Viola segetalis**, Jord. Je crois que c'est l'espèce que Rapin dénomme *viola arvensis* var. *canescens*. Je l'ai trouvée abondamment dans les champs et les pâturages sablonneux et arides, sur le côteau de Branson et des Folâtaires (Fully). Avril.

3. **Thlaspi virgatum**, Gren. Cueilli à Branche, vallée d'Issert, district d'Entremont. Juin 1862.

4. **Rubus discolor**, Weih. *Rubus fruticosus* var. *discolor*, Rap. Il croit tout près du *R. Glandulosus*, au pied du mont, Chemin à Martigny. Juin.

5. **Rubus glandulosus**, Bell. Au pied du mont, Chemin à Martigny. Juin.

6. **Epilobium gemmiferum**, Borean. Prairies alpines et pâturages sur le Grand-St-Bernard. Juin, juillet.

7. **Aster brumalis**, Nees ab E. Originaire d'Amérique selon les auteurs. Je l'ai trouvée spontanée à Vouvry, entre le village et les Laveaux, à la lisière méridionale des arbres qui bordent le Rhône. Septembre, octobre.

8. **Orchis montana**, Schmith. Cette espèce est voisine de l'*Orchis bifolia*, dont elle se distingue par les loges des anthères écartées l'une de l'autre et divergentes par leur base. Elle diffère en outre, mais d'une manière moins constante, par les fleurs plus grandes, par les gaînes radicales pius lâches et à ouverture plus large, par les feuilles et les bractées plus larges, etc. (ita Gren, et God. *Flore de France*). Cette plante a été recueillie sur le Grand-St-Bernard par M. le chanoine E.-Martin Métroz.

9. **Nigritella suaveolens**, Koch. Cette espèce est très-rare, elle a été découverte sur le Grand-St-Bernard par M. E.-M. Métroz.

M. De la Soie donne connaissance d'une note sur le

Leontodon autumnalis var. **Reuteri**.

Ayant demandé des renseignements à M. Reuter, conservateur du Jardin botanique à Genève, sur le *Leontodon autumnalis* var. *Reuteri*, qui croit abondamment depuis le Chalet de la Pierre jusqu'au Grand-St-Bernard, voici ce qu'il dit à ce sujet :

« J'ai fait quelques recherches sur ce *Leontodon* que M. de Candolle rapportait au *pratensis* var., sous le nom d'*Oporinia pratensis*, Lamark, var. *Reuteri*. Maintenant le genre d'*Oporinia* n'est plus conservé et la plupart des autres réunissent le *Leontodon pratensis* et l'*Autumnalis* comme variété. La plante des plaines du nord de l'Allemagne sur laquelle l'espèce a été établie, diffère de notre *autumnalis* par les capitules du double plus gros, à involucre campanulé, à écailles plus larges et noires, plus ou moins hérissées de poils de la même couleur; les akènes sont aussi moins longs et plus renflés. La plante des Alpes a les involucres et le haut des pédoncules plus abondamment hérissés de poils noirs; du reste elle est très-semblable à celle d'Allemagne. M. Rapin la mentionne dans sa Flore comme variété de l'*autumnalis*, mais il ne cite pas le synonime de *pratensis*. Je crois en tout cas qu'il doit être séparé de l'*autumnalis*, du moins de la forme si commune de nos plaines. »

La réunion de cette année, quoique pas nombreuse, a été intéressante. De nouveaux membres actifs ont été reçus, entre autres M. le Dr de la Harpe, de Lausanne, qui assistait à la séance. La réunion de 1864 aura lieu à Bex.

SÉANCE DU 20 SEPTEMBRE 1864

à Bex.

Présidence de M. le Chanoine TISSIÈRE.

M. le président ouvre la séance par un discours sur les sympathies qui unissent les hommes de science dont les bienfaits sont d'exciter puissamment l'activité intellectuelle et de concourir au bonheur et au progrès de la société. Il termine son discours par les paroles suivantes que nous reproduisons textuellement :

« Messieurs et très-honorés collègues, les paroles que j'ai l'honneur de vous adresser me sont inspirées et me paraissent pleinement justifiées par les souvenirs attachés à la localité où nous sommes si heureux de nous rencontrer et de fraterniser aujourd'hui. Ici, il me tarde de le dire, ici nos souvenirs se portent avec élan vers les gracieuses et intéressantes relations qui ont répandu tant de charmes sur la vie des célèbres naturalistes qui les entretenaient et qui ont mis au grand jour la mine des richesses naturhistoriques du Valais. Je veux surtout parler des relations de Murith avec la famille Thomas. La famille Thomas, de Bex, qui depuis longtemps se distingue par l'aptitude pour les sciences naturelles, par un travail également intelligent et persévérant, par l'amour de tout ce qui est utile et par son dévouement toujours sincère et cordial, cette famille, dis-je, et Murith étaient si étroitement liés d'amitié, qu'en fait d'intérêts scientifiques il y avait entr'eux un communisme presque absolu. Personne n'ignore combien la Flore valaisanne s'est enrichie par les explorations et les nombreuses découvertes de Murith et des Thomas. Aussi, après avoir rendu nos premiers hommages à la mémoire de Murith, lors de notre réunion à Sembrancher, nous nous félicitons de nous trouver aujourd'hui à Bex pour offrir au mérite des Thomas, naturalistes, notre digne tribu de louange et de haute considération.

» Nous aimons aussi à reconnaître les services imminents rendus à notre Flore valaisanne par plusieurs autres botanistes dont le canton de Vaud s'honore : tels que Seringe, Schleicher, Gaudin, etc., qui ne sont plus, et M. Muret et quelques autres qui nous honorent encore de leurs visites et qui nous aident puissamment par leurs bienveillantes communications.

» La Société Murithienne du Valais, en venant siéger aujourd'hui à Bex, ne s'est pas seulement proposé de venir offrir aux naturalistes vaudois l'expression de sa gratitude pour les services scientifiques qu'elle en a reçus, mais elle a eu en vue de renouer le fil de cette intime union, de ces liens fraternels que Murith et quelques autres naturalistes valaisans se sont plû à entretenir avec nos chers voisins les naturalistes vaudois. Si donc aujourd'hui nous avons franchi la limite de notre territoire cantonal, c'est pour venir vous serrer affectueusement la main, chers collègues et amis du canton de Vaud; c'est pour vous donner un gage de nos plus vives sympathies; c'est pour vous assurer que pour nous le Rhône n'est qu'une démarcation territoriale, mais qu'il n'en est pas une pour nos sentiments; c'est pour établir avec vous une cordiale émulation d'activité intellectuelle et pour concourir avec vous au bien-être, au progrès de l'humanité; c'est, enfin, pour allier avec les vôtres nos études et nos recherches, comme nos cœurs et nos vœux, afin de confondre ici dans un patriotisme commun le résultat de nos travaux, résultat couronné par la plus sentimentale et la plus franche fraternité.

» Dans ces sentiments je me hâte de déclarer ouverte pour 1864, la séance annuelle de la Société Murithienne du Valais. »

Dans cette séance quatre membres actifs sont reçus et neuf membres honoraires.

M. Dixon présente trois plantes pétrifiées sur anthracite, trouvées près de la sommité de la Dent-de-Morcles; ce sont un *Arenaria* et deux *Fougères*.

M. J.-L. Thomas fait voir des monstruosités de croissance de noisettes.

M. le chanoine De la Soie fait cadeau d'une collection de soixante plantes très-rares, cueillies par lui et dont quelques-unes nouvelles pour la Flore du Valais.

Le même lit la diagnose de deux *Semperviva* nouveaux:

Le **Sempervivum Delasoiïci**, Lehmann et Schnittspahn, et le **Sempervivum Schotii**, par les mêmes. Le premier de ces *Semperviva* a été découvert par lui au Mont-Clou, et le second par M. Lagger, près du glacier du Rhône, en 1857. Ils ont figurés dans le premier numéro du bulletin de la Société des sciences naturelles d'Offenbach sur le Mein.

M. d'Angreville analyse rapidement un excellent mémoire de M. le Dr de la Harpe, sur les hirondelles et lit les conclusions psychologiques et physiques que la migration de ces oiseaux lui a suggérées.

M. le Docteur Lagger communique une énumération de *Hieracium* plus ou moins rares, non mentionnées dans les Flores suisses, de la vallée de Zermatt, dont voici les noms :

1. **Hieracium glaciale**, Lachen. Au lac noir, commun.
2. **H. piliferum**, Hoppe. A Zermatt.
3. **H. lanatum**, Vill. Au Findelsgletscher.
4. **H. dentatum**, Hoppe. A Alterhaupt, Ryfel et Triftthal.
5. **H. gaudini**, Christ. A Zermatt.
6. **H. Rhæticum**, Fries. Glacier du Gorner, endroits ombragés.
7. **H. juranum**, Fries. Dærflin, près de Zermatt.
8. **H. obscurum**, Rehb. Montagne du Ried, prairies sèches et arides.
9. **H. amplexicaule, Lin.** Endroits rocheux près du glacier Gorner.
10. **H. scorzoneræfolium**, Vill. Pentes herbeuses du Ryfel.
11. **H. speciosum** Rapin (non Hornen). In den Grüben près de Zermatt.

Le même donne aussi connaissance du *Tholictrum Laggeri*, Jord., nouvelle espèce pour le Valais.

M. le chanoine Tissière fait observer qu'il a cueilli le *Carex grypus*, H., dans différentes localités et à des altitudes diverses, présentant toujours les mêmes caractères principaux bien déterminés, c'est donc à tort que le célèbre botaniste Koch y a illiminé cette espèce dans la 2me édition de son *Synopsis*.

M. le chanoine Luder parle d'une maladie nouvelle, ressemblant à de la rouille, qui s'est déclarée sur les arbres, les céréales et même sur les simples plantes formant gazon ; il invite la société à en chercher les causes et indiquer les moyens de la prévenir et de la guérir.

M. Dixon invite aussi la société à s'enquérir si la nouvelle que donnent quelques journaux anglais et américains est vraie, savoir, si la plante que nous nommons vulgairement la *vigne du Canada* et qui orne assez souvent nos murs et nos gloriettes, préserve les treilles et les ceps de l'oïdium et à découvrir quelle influence elle peut exercer sur la maladie qui a désolé l'Italie et la France et une partie de la Suisse.

M. De la Soie fait connaître l'empoisonnement de vaches, en Belgique, pour avoir mangé des feuilles d'*If (Illex aquifolium)*, et l'empoisonnement à Sembrancher d'un veau qui avait brouté avec avidité le *Colchicum autumnale*, L.

Le même raconte en ces termes une excursion botanique qu'il a faite à Salenaz, Ornex et Catognes, montagnes situées sur Orsières et Sembrancher :

« Après avoir dépassé le bourg de Sembrancher, sur un petit monticule à droite de la route, j'ai récolté le *Hieracium pictum*, Pers. — *H. lanatum*, Vill. — *H. sabinum*, Seb. et M. — *Erysinum virgatum*, Rht. — *Kæleria valesiaca*, Gaud. — *Festuca valesiaca*, Schl. — *Campanula spicata*, L. — Avant de passer le second pont, dans une prairie un peu humide, j'ai trouvé le *Cypripedium calceolus*, L., ayant les divisions périgonales jaunes au lieu d'être d'un brun pourpré. Le *Sarguisorba officinalis*, L., croit dans ces localités. Près du village d'Orsières, dans un champ, l'*Isatis tinctoria*, L.

A Pradefort, on suit les prés qui sont à droite du village ; bientôt on arrive à l'entrée d'une magnifique forêt, je n'y ai remarqué que le *Hier. murorum* var. *sylvaticum*. L. Au sortir de la forêt, pour entrer dans la vallée de Salenaz, on gravit des rocailles assez raides, où rien ne végète à cause du manque de terre. Après une heure de marche à travers des pierres roulantes, on atteint un petit plateau où se trouvent les plus magnifiques blocs erratiques de granit qu'on puisse voir. Je ne sais si M. Favre, de Genève, a visité ces localités.

De là, le petit sentier devient moins rapide et la végétation alpine commence. Sur les moraines qui longent le glacier, croissent la *Saxifraga aspira*, L. — *S. bryoides*, L. — *S. autumnalis*, L. — *Hieracium staticifolium*, L. — *Sedum villosum*, L. — *Senecio incanus*, L. — *Galeopsis Reichembachii*, Reut. — L'*Epilobium Fleischeri*, Hochst. — Le *Carex frigida*, All. — Le *Hieracium peleterianum*, Merat. — Le *H. angustifolium*, Hop. J'ai aussi observé deux espèces de *Semperviva*, l'un appartenant au groupe des *Stolonifera*, et un autre aux *Barbulata*. On peut encore signaler dans ce même endroit le *Gnaphalium supinum*, L. — Le *Gnaph. norvegicum*, Gaud. De là, pour parvenir au glacier d'Ornex (alt. 2590 mètres) il faut monter une pente excessivement raide, dont la végétation consiste au seul *Nordus stricta*, L. Près du glacier, dans les fentes des rochers granitiques, à droite en montant, j'eus le plaisir de récolter, pour la première fois, l'*Aretia tomentosa*, Schleich.; nouvelle localité pour le Bas-Valais; dans les environs j'ai aussi remarqué le *Gentiana glacialis*, Ab. Thom., et le *Cherleria sedoides*, L., etc.

Dans les prairies avoisinant les chalets de l'Arpettaz, j'ai trouvé en abondance le *Hieracium aurantiacum*.

Aux environs du lac de Champé, j'ai recueilli le *Ranunculus pyreneus*, L. — Le *Carex ampullacea*, Sch. — Le *Drosera rotundifolia*, L. — *Lonicera cœrulea*, L. — *Anemone ranunculoides*, L. — *Pedicularis foliosa*, L.

Au sortir du lac, à gauche du chemin, le *Hieracium Delasoïici*, Lagger. — Le *H. cinerascens*, Fries. Entre les deux villages de Soulalex, le *Nepeta nuda*, L. De Soulalex on arrive à la Garde où se trouve le chemin qui conduit à Catognes.

Dans la forêt qui est au-dessus du village, j'ai rencontré le *Pyrola rotundifolia*, L. — *P. secunda*, L. — *P. uniflora*, L.

Au même endroit, j'ai récolté le *Monatropa hypopitys*, L. — L'*Orchis coriophora*, L. — L'*Epipactis rubiginosa*, Gaud. — L'*Anthericum ramosum*, L. — L'*Ophrys arachnites*, Rich. — L'*Oph. muscifera*, Hud. — Le *Neotia nidus avis*, Rich.

Dans le pré de la Dent, le *Hieracium Delasoïci*, Lagger. L'*Epilobium trigonum*, Schronk. — Le *Gentiana lutea*, L.

Aux environs des chalets, j'ai trouvé plusieurs *Semperviva* qui sont aujourd'hui à l'état d'étude chez MM. Lagger et Schnittspahn ; quand la monographie de ce dernier aura paru, nous connaîtrons leurs véritables noms.

En suivant le sentier qui conduit au Chalet-Derrière, on rencontre le *Bupleurum stellatum*, L. — Le *Hieracium longifolium*, Schlch. — *H. peleterianum*, Mer. — *H. villosum*, Jacq. — Le *Sedum anacampseros*, L. — *Sed. atratum*, L. — L'*Anemone vernalis*, L. — L'*Agrostemma Flos Jovis*, L.

Arrivé au Plan de la Chaux, on trouve le *Geranium aconitifolium*, L. — Le *Campanula Thyrsoïdea*, L. — L'*Androsace cornea*, L. — L'*And. obtusifolia*, L. — L'*And. villosa*, L. — Le *Draba Johannis*, Host. — Le *Salix arbuscula*, L. — Le *Salix saponum*, L.

On peut encore y signaler le *Hedysarum obscurum*, L. — L'*Oxitropis cyanea*, L. — L'*Aquilegia Alpina*, L. — Le *Crepis blattarioides*, Vill. — Le *Helianthemum œlandicum* var. *glabrum*, L. — Le *Ranunculus alpestris*, L. — L'*Ollium victoriale*, L.

Sur le revers occidental, j'ai pioché le *Sesleria disticha*, Pers — L'*Aserpitum Haleri*, L. — L'*Avena versicolor*, L. — L'*Agrostis rupestris*, Host. Sur le sommet l'*Erigeron uniflorus*, L. — Le *Hieracium angustifolium*, Hop. — Le *Scirpus pauciflorus*, Ligthtf.

Pour ne pas revenir par le même chemin et explorer de nouvelles localités, je suis descendu au Mont-Clou. Là j'y ai trouvé le *Rhododendron ferrugineum* var. *album*, L. — Le *Sorbus hybrida*, L.

Je dois encore, dans l'intérêt de la science, vous signaler le Clou comme très-riche en *Semperviva*, entr'autres le *Sempervivum Delasoïci*, Schnittspahn. Le Clou fournit aussi l'*Orchis sambucina*, L. — L'*O. morio*, L. — L'*O. maculata*, L., ainsi que le *Hieracium juranum*, Fries. — Le *Hieracium rupicolum*, le *Cotoneaster tomentosa*, Lind. — Le *Thalictrum aquilegifolium*, L. — Le *Colchicum alpinum*, D. C. — Le

Rosa grenieri, Deségl. — Le *Paradisia liliastrum*, Bert. — L'*Arabis serpillifolia*, Vill. — Le *Cytisus alpinus*, Vill. — Le *Potentilla rupestris*, L.. etc.

La prochaine réunion aura lieu à Martigny en 1865.

Après un joyeux dîner, dîner où furent portés des toasts à la patrie Suisse, à la Municipalité de Bex, aux nouveaux membres, etc., après avoir fait honneur au bon vin d'Yvorne que M. le Syndic Cherix offrit aux membres, la société, sur l'aimable invitation de M. J.-L. Thomas, se rendit aux Dévens, où l'attendait une collation accompagnée de l'accueil le plus gracieux.

SÉANCE DU 19 OCTOBRE 1865

à Martigny-Ville.

Présidence de M. le Chanoine TISSIÈRE.

M. le président s'excuse, dans son discours d'ouverture, d'avoir été empêché, par des motifs personnels, de pouvoir entrer dans de longs détails sur la localité intéressante où siège la société: localité d'où partent tous les rayons botaniques, Branson, le Grand-St-Bernard, le Mont-Blanc, et qu'a si longtemps habitée l'illustre chanoine Murith, etc.

On reçoit huit membres tant actifs qu'honoraires.

M. d'Angreville lit une notice sur M. Rodolphe Blanchet.

Mme la comtesse Anna de la Fléchère, malade en ce moment, fait lire un travail remarquable par les idées poétiques qu'il renferme, sur le *Vallisneria spiralis*, L.

M. Ernest Faivre, professeur à la Faculté des sciences et conservateur du Jardin botanique de Lyon, communique un mémoire très-étendu sur la nécessité des croisements entre individus de la même espèce dans le règne végétal. Ce beau travail est imprimé dans la *Gazette médicale de Lyon*, n° 21, 1er novembre 1864, page 515.

M. Payot, naturaliste et maire de Chamounix, fait cadeau de son dernier ouvrage intitulé : *Erpétologie, Malacologie et Paléontologie des environs du Mont-Blanc.*

M. le chanoine Tissière fait voir de beaux échantillons de l'*Achillea cerata*, Retz., cueillis sur le Grand-St-Bernard.

M. le chanoine Métroz présente l'*Inula helenium*, L., trouvée près de la cantine d'Aoste et l'*Alchemilla cuneata*, près des lacs de Ferrex au col Fenêtre.

M. le notaire Félix Paillard fait voir un *Dephinium alpestre*, L., à fleurs blanches, trouvée sur la montagne de Favayarnaz, le 30 juillet 1865.

M. De la Soie, dans l'intérêt de la Flore du Valais, fait connaître quelques espèces nouvelles ou critiques, et donne les diagnoses de ces espèces qui ont été reconnues comme telles par les botanistes les plus éminents de la Suisse. Ces diagnoses ont été faites par MM. Reuter et Huet, du Pavillon, auxquels notre Flore est redevable de plusieurs plantes nouvelles. Les voici, tels qu'ils les ont donnés dans le compte-rendu de la Société Halleréenne (1852 à 1854) et qui ne figure pas encore dans nos catalogues.

1. **Erophila stenocarpa.** Jord.

Sépales oblongs, hispides, pétales oblongs, longuement atténués en onglets, à lobes un peu écartés, du double plus longs que le calice. Silicules linéaires oblongues, presque quatre fois plus longues que larges, rétrécies aux deux extrêmités. Graines ovales, d'un brun pâle, environ quarante dans chaque loge. Feuilles linéaires, aiguës ou lancéolées, entières ou rarement dentées, rétrécies en un pétiole presque égal au limbe, grisâtres par des poils courts nombreux et tréfulqués. Scapes grêles, nombreux, plus ou moins hispides. Cette plante a été trouvée près de Sion par M. Alfred Huet, du Pavillon.

2. **Alchemilla subsericea.** Reut.

A. perennis foliis radicalibus digitato 6-7 partitis supra glabris, subtus petiolisque subsericeo villosis, portionibus oblongo-cuneatis obtusis apice inciso serratis dentibus non contiguis apice ciliato særiceis, caulinis pancis 3-5 partitis; floribus interrupte fasciculatim racemosis longiuscule pedicellatis extus subsericeo villosis.

Habitat, in pascuis lapidosis schistosarum St-Bernardi ubi D. Reuter eam invenit.

Cette plante est très voisine de l'*A. alpina*, dont elle est très-distincte par les feuilles opaques velues, subsoyeuses en dessous, mais non argentées, satinées, à dents plus profondes, presque droites non couchées, par les fleurs un peu grandes. L'*A. cuneata*, Gaud., en diffère par les feuilles des lobes plus larges cuneato-tronquées, au sommet plus profondément incisées, la pubescence plus opâque, les tiges diffuses, les feuilles caulinaires semblables aux radicales.

3. **Galeopsis ladanum II Latifolia.** Gaud.

M. Reuter ayant fait une étude des *Galeopsis* s'est assuré que les auteurs ont confondu trois espèces distinctes et très-constantes, sous le nom de *Galeopsis ladanum*.

D'abord le *G. intermedia*, Vill. Dauph. 2 p. 387. t. 9. — *G. ladanum II Latifolia*, Gaud., Fl. helv. qui diffère du *G. ladanum*, Lin., Engl. bot. 844, Reich. Excurs. 322 et des botanistes du Nord, par ses fleurs plus petites, en verticilles très-écartés, les dents du calice sont plus étroites, subulées, environ de moitié plus courtes que le tube, longuement cétacées, épineuses au sommet; la corolle est à peine du double plus longue que le calice, beaucoup moins renflé à la gorge; tige dressée, velue, glanduleuse à la partie supérieure, dans les entre-nœuds; feuilles ovales-oblongues, aiguës, pubescentes, largement dentées sur tout le pourtour.

Cette plante croit dans les champs, au bords des chemins, dans les Alpes du Valais, Gaud., au Bourg-de-St-Pierre, en montant au St-Bernard.

4. **Androsace obtusifolia-glacialis.** Reut.

Le même, dans une excursion botanique qu'il fit au Grand-St-Bernard, en 1852, découvrit une plante nouvelle. Cette plante lui parut une hybride entre l'*Androsace glacialis*, Hop., et l'*Androsace obtusifolia*, All. Voici la description de ce nouveau produit :

A. tenuiter stellulato-hirtella caudiculis elongatis repentibus ramosis filiformibus, foliis laxe rosulatis lanceotalo-oblongis basi longe angustatis; scapis rigidulis foliis duplogioribus aliis simplicibus, aliis umbelliferis; Calycis lobis triangulari-acutis, corollæ lobis ovato subrotondis integris. Fl. carnei, fructus steriles.

J'ai trouvé cette plante, dit M. Reuter, au Mont-St-Bernard, près du lac, en août 1852; elle est évidemment hybride entre les *A. glacialis* et *obstusifolia*, au milieu desquelles elle croit. Elle diffère de l'*obstusifolia* par les souches allongées et rameuses, les feuilles plus étroites; les scapes, les uns simples et les autres terminés par une ombelle de trois à quatre fleurs roses; de la *glacialis*, par les feuilles deux fois plus longues, les scapes dépassant longuement les feuilles et dont quelques-uns sont terminés par une ombelle.

5. **Potentilla valesiaca.** E. Huet.

M. Edouard Huet, du Pavillon, a rapporté d'un voyage à Zermatt, une sorte de *Potentilla* qui lui a paru intermédiaire entre le *P. frigida* et le *P. grandiflora*; il l'a proposée comme espèce nouvelle à la Société Murithienne, et voici sa description :

P. Caulibus ascendentibus uni-trifloris; foliis ternatis, radicalibus petiolofoliolis multo longiore suffultis, foliolis-omnibus petiolulatis profunde 9-13 dentato serratis, caulinorum stipulis ovato lanceolatis petiola duplo longioribus;

caliculo calycem subæquante laciniis lonceolatis coroll vix brevioribus, receptaculo hirsuto, carpellis magnis gla bris. Planta unibiuncialis pollide virescens undique pili sericeis vestita.

Elle diffère d'une manière trop évidente du *P. grandiflor* pour qu'il soit nécessaire d'indiquer les caractères qui l'e séparent : Elle se rapproche beaucoup plus du *P. frigid* dont elle diffère cependant par son receptacle grane et poilu par ses fleurs beaucoup plus grandes, par les lobes du ca lice plus atténués, par ses tipules beaucoup plus grandes par ses feuilles à pétiole souvent deux fois plus long qu le limbe, d'un vert pâle et non point noirâtre, couverte d poils soyeux, moins rapprochés, non visqueux, par se folioles à dents plus nombreuses, toutes pétiolulées, enfin par son port plus élancé. Cette plante se trouve sur le Ry fel, dans la vallée de Zermatt.

L'assemblée procède ensuite au renouvellement de son bureau pour 1866 et 1867. Les mêmes membres sont con firmés.

Sur l'invitation de M. d'Angreville la prochaine réunion se tiendra à Epinassey, près de St-Maurice.

SÉANCE DU 4 SEPTEMBRE 1866

à Epinassey, près St-Maurice.

Présidence de M. le Rév. Chanoine TISSIÈRE.

M. le présideut Tissière, dans son discours d'entrée, dit qu'il se trouve heureux d'être réuni à ses collègues dans le lieu même où a germé l'idée de la fondation de la Société Murithienne, qui, depuis cinq ans, a pris un si heureux développement et a rendu déjà beaucoup de services à la Botanique; qu'il est heureux d'être uni à ses amis dans cet endroit qui rappelle de si glorieux souvenirs, etc.

M. le secrétaire donne connaissance du décès de deux membres : MM. J.-N. Tornay, chanoine du Grand-St-Bernard, et Marc-Daniel-Louis Viridet, chancelier, de Genève. On lit une notice sur ce dernier, due à l'obligeance de M. A. Flammer, secrétaire de l'Institut genevois. Cette notice est insérée au protocole.

Le secrétaire donne lecture de lettres de MM. le Comte Réné, de Menthon, E. Planchon, professeur à Montpellier, et Georges Glenney, à Londres, qui acceptent avec reconnaissance les diplômes de membres actifs et honoraires qui leur ont été adressés.

On procède ensuite à la réception de nouveaux membres : 17 sont reçus.

M. le Docteur Lagger fait cadeau à la société de le *Herbarium rosarum* du célèbre monographe des rosiers, Déséglise. M. le professeur Planchon fait don des brochures suivantes dont il est l'auteur : 1° *Observation sur les Cistinées.* 2° *Communications faites à la Société Botanique de France en 1858.* 3° *Les cistes de Montpellier et des Cévennes au point de vue ornemental.* 4° *Rapport sur la canne à sucre cultivée en plein air.* 5° *La pharmacie à Montpellier depuis son origine.*

M. Payot, maire de Chamounix, envoie sa brochure intitulée : *Enumération des mousses nouvelles, rares et peu connues des environs du Mont-Blanc, découvertes et recueillies par M. Payot.*

M. le major Tavernier présente un exemplaire de *Gentiana acaulis*, L., cueilli par lui en décembre 1865 sur une montagne très-élevée du district de Monthey.

M. Adolphe Blanchet fait voir des échantillons de fruits, naturellement non mûrs, du palmier nain de l'Algérie. Ces fruits n'ont pu se développer à Montagny, canton de Vaud, qu'en 1859 et 1866.

M. De la Soie communique plusieurs superbes échantillons du *Potentilla inclinata* qu'il a récoltés à Bovernier.

M. Muret fait remarquer qu'il en a aussi trouvés au Marques sur Martigny.

M. De la Soie dépose un catalogue d'un certain nomb de roses qu'il a trouvées en Valais, parmi lesquelles plu sieurs raretés.

M. le curé Chavin dit qu'il a trouvé le *Viola sciaphil* Koch, à Tourbillon et à Bramois.

M. De la Soie dit aussi l'avoir cueilli au Bourg-de-S Pierre.

M. Ch. Tavernier donne des graines du *Glaucium corn culatum*, L., plante que l'on croyait presque perdue.

Le même donne nomenclature des plantes rares qu'il récoltées dans les montagnes au-dessus de Saillon, Leytro et Chamoson, les 15 et 16 août 1864.

M. le chanoine Tissière parle de la maladie qui a afflig nos arbres fruitiers ces années passées et indique le moyens de la guérir.

M. le Docteur Lagger fait hommage à la société de quatre plantes nouvelles suivantes, découvertes en Valai depuis 1861, savoir : 1° *Sagina nivalis*, Fries, découvert par M. Métroz, à la Pierra près du Grand-St-Bernard. 2 *Hieracium incano-furcatum*, Lag., trouvé par M. Lagger, Distel, vallée d'Eginen, en 1861. 3° *Thalictrum lagger* Jord, trouvé par le même près de la rive du Rhône, Isslen, district de Conches. 4° *Iris pallida*, Lmk., trouvé pa le R. P. Apolinaire Dellion, dans les rochers de St-Maurice

La société se réunira à Bagnes en 1867.

SÉANCE DU 20 AOUT 1867

à Bagnes, Hôtel Perrodin.

Présidence de M. le Rév. Chanoine TISSIÈRE.

Messieurs les membres présents sont : Chanoine Tissière, président, R[d] curé de Sembrancher ; Docteur Lagger, à Fribourg, vice-président ; Major Tavernier, président du tribunal de Martigny ; Charles Tavernier, pharmacien, à Sion ; Docteur Carron, à Bagnes ; Chanoine De la Soie, R[d] curé à Bovernier ; Goumand, vétérinaire, à Martigny ; Wolff, maître de musique, à Sion ; Antoine Tavernier, à Sion ; Taramarc, pharmacien, à Sembrancher ; Chanoine Meilland, vicaire à Vouvry ; Paillard, A., de Bex ; Chanoine Beck, desservant, à Aigle.

Assistent à la séance MM : Chanoine Revaz, R[d] curé à Bagnes ; Paccolat, R[d] curé à Vollége ; Deferr, R[d] chapelain à Bagnes, et Armand Kœrner, pharmacien, à Aigle.

M. le président, Chanoine Tissière, ouvre la séance en souhaitant la bienvenue à ses chers et aimables collègues ; selon son habitude, il prononce une allocution fort remarquable, remplie de considérations élevées sur le bonheur qu'éprouve le naturaliste chaque fois qu'il se rencontre en présence des œuvres sublimes du créateur, mais surtout en regard d'une nature aussi grandiose que celle de la vallée de Bagnes, l'une des plus intéressantes, sous ce rapport, des Alpes suisses, puisque ses granits, à ne parler que d'eux seuls, ont fait la réputation justement méritée de M. de Charpentier, dont la mémoire est intimement liée à celle de son modeste guide et ami M. le lieutenant Perrodin, homme de bien, cher à la vallée de Bagnes. M. le président fait assister l'assemblée attentive aux divers catachysmes qui ont bouleversé, désolé le val de Bagnes et l'ont rendu célèbre dans l'histoire par ses épreuves et ses malheurs : il la fait voyager dans des âges lointains, en compagnie de ses fameux *blocs erratiques*, qui, détach des sommités du Mont-Blanc, s'étaient vus ballotés dans bassin du Rhône, avant de l'être dans l'esprit des savan et qui, s'étant précipités dans la plaine du Rhône, avaie franchi les gorges de St-Maurice pour venir, avant d'êt dépêcés, se reposer de leur course impétueuse, sur l riants côteaux de Monthey et de Collombey où ils fo aujourd'hui l'admiration des savants et la fortune d'he reux spéculateurs.

M. le président annonce ensuite les sujets à l'ordre jour :

1° Lecture du protocole de la séance précédente.

2° Demandes de nouvelles admissions.

3° Communications scientifiques.

4° Rapport sur le retrait des objets appartenant à société, déposés chez feu M. d'Angreville de St-Mauri 1er secrétaire.

5° Renouvellement du Comité pour 1867-1868.

6° Fixation du lieu de la réunion pour 1868.

L'assemblée, consultée sur la nomination d'un secr taire définitif, renvoie cette nomination à la fin de la séan et confie provisoirement au desservant d'Aigle la rédacti du protocole de ce jour.

Après cela on procède à la réception de nouveaux mem bres.

Au nombre des communications scientifiques, M. Kœ ner, d'Aigle, fait don à la société d'un flacon précieux *Oleum unonæ odoratissinnæ*, provenant d'une plante fo rare du Mexique.

M. le chanoine De la Soie, vice-président, lit une noti insérée plus loin, sur les plantes récoltées par ses soi dans les environs de Bovernier, parmi lesquelles le *Br chiatum* var. *Hagelare*, Berthol.

M. le Docteur Lagger fait don d'un portefeuille intitul *Cichoriaccotheca* seu *Cichoriacarum exciccatarum collecti Autore C.-H. Schultz-Bissontino*, avec le catalogue d'icelle

Le même présente à la société un fascicule de plantes renfermant des espèces rares et nouvelles.

Le président dépose sur le bureau une riche collection de *Chryptogammes* donnée par M. le Docteur Lagger, pour faciliter les études de cette plante difficile.

M. A. Blanchet, de Lausanne, fait cadeau d'un exemplair cartonné du *Nomenclator ex historiâ Plantarum Helvetiæ. Auctore Alberto de Haller, Berne, 1767.*

M. Charles Tavernier présente la liste des plantes récoltées par lui, à Sion et dans ses environs; plus, celles cueillies dans le val d'Hérens et dans divers lieux du centre du canton.

M. Tavernier, Antoine, présente la nomenclature des plantes du Sanetsch, de la vallée de la Crettaz et du bassin de la Sionne.

M. le président communique verbalement, d'abord sur la *chûte de la neige rouge,* dans nos Alpes et ailleurs une analyse fort instructive de la question; il lit ensuite une lettre à lui adressée par un savant professeur de Berlin en réponse à un mémoire que M. le chanoine Tissière lui avait adressé sur ce phénomène; l'assemblée a témoigné le désir que le dit mémoire ainsi que la lettre en question fussent insérés dans les annales de la Société Murithienne; ce qu'ayant promis M. le président, l'assemblée l'en remercie vivement.

Une mauvaise nouvelle est celle de la perte de M. E. d'Angreville, chevalier de St-Maurice et Lazare, décédé à St-Maurice, secrétaire de la Société Murithienne, membre de plusieurs sociétés savantes, auteur de l'*Armorial du Valais.*

En modification des statuts, un cinquième membre, en qualité de caissier, est ajouté au comité.

Celui-ci est renouvelé comme suit: *Président,* M. le chanoine Tissière, curé à Sembrancher. — *Vice-Président,* M. le Docteur Lagger, à Fribourg; sur le refus de M. le Docteur Lagger d'accepter la vice-présidence, vu son éloignement et ses occupations incessantes, M. le chanoine De la Soie est prié de continuer ses bons offices pour les deux ans. — *Conservateur de l'Herbier*, M. le chanoine De la Soie curé à Bovernier. — *Caissier*, M. Taramarc, pharmacien, à Sembrancher. — *Secrétaire*, M. le chanoine Beck, desservant, à Aigle.

La future réunion de la société est fixée à Aigle pour 1868. Une lettre-circulaire, adressée à temps, en fera connaître l'époque; des remerciements sont votés aux donateurs pour leurs collections.

PERSONNEL DE LA SOCIÉTÉ

MEMBRES FONDATEURS & ACTIFS.

1861.

1. D'Angreville, J.-E., de St-Maurice.
2. Bertrand, Auguste, de St-Maurice, chanoine de l'Abbaye de St-Maurice.
3. Burnier, Pierre, de St-Maurice, chanoine de l'Abaye de St-Maurice.
4. Cornut, Onésime, de Vouvry.
5. Dixon, James Henry, d'Angleterre.
6. Gard, Maurice, de Bagnes, chanoine de l'Abbaye de St-Maurice.
7. Strang, Otho, du Würtemberg, pharmacien.
8. De la Soie, Gaspard, de Sembrancher, chanoine du St-Bernard.
9. Mérioz, César, de Martigny, pharmacien.
10. Rodon, Pierre, Français, médecin.
11. Schmid, Ad., de Loëche-les-Bains, Docteur-médecin.
12. Taramarcaz, Etienne, de Sembrancher, pharmacien.
13. Tissière, Pierre, d'Orsières, chanoine du St-Bernard.
14. Luder, Louis-Joseph, de Sembrancher, chanoine de l'Abbaye de St-Maurice.

Sont reçus membres actifs dans la première séance :

15. Caron, Benjamin, de Bagnes. Docteur-médecin.
16. Frossard, Basile, d'Ardon, chanoine du St-Bernard, prieur du Simplon.
17. Lagger, François, de Münster, Docteur-médecin, à Fribourg.

1862.

18. Ballay, Gaspard, du Bourg de St-Pierre, Docteur médecin.
19. Bürcher, Hermann, de Brigue, pharmacien.
20. Franc, Léon, de Monthey, pharmacien.
21. Supersaxo, Louis, de Saas, étudiant.
22. Thomas, Jean-Louis, de Bex, naturaliste.
23. Vuadens, Isoré, de Vouvry, géomêtre.
24. Bérard, Edouard, d'Aoste, chanoine de la Cathédrale
25. Carrel, G., d'Aoste, chanoine de la collégiale de St Ours.
26. Chavin, de Genève, curé à Compessières.
27. Christiner, de Berne, professeur.
28. Deléglise, Pierre-J., de Bagnes, curé à Sembrancher
29. Goumand, Eugène, de Martigny, Docteur-vétérinaire
30. Haussknecht, Ch^s, de Weimar, pharmacien, à Aigle
31. Huet, du Pavillon, Edouard, de Genève, membre de la Société Halérienne.
32. Jeggle, Joseph, du Würtemberg, pharmacien, à Aigle.
33. Mengis, Camille, de Loëche-les-Bains, étudiant, à Viége.
34. Seiler, François, de Conches, président.
35. Tornay, Jean-Nicolas, d'Orsières, chanoine du G^d-St-Bernard.

1863.

36. Abbé Henzen, professeur et préfet des Etudes, à Sion.
37. Chenaux, Jean, cure à Vuadens (Fribourg).
38. Cottet, Michel, caré à Montbovon (Fribourg).
39. De la Harpe, Jean, de Lausanne, D^r en médecine.
40. Paillard, Félix, de Bex, notaire.
41. Perroud, Jules, curé à Villarimboud (Fribourg).
42. Pilionel, pharmacien, à Martigny-Ville.

1864.

43. Borel, Gabriel, de Bex, pharmacien.
44. L'abbé Lanier, Joseph, étudiant, à Thonon.

45. Marmoud, curé à Contamines Sur-Arve (Haute-Savoie).

1865.

46. Bader, Charles-Louis, pharmacien, à Genève.
47. Brenner (le Docteur Fréderic-Burchard), à Bâle.
48. Ganioz, Germain, de Martigny, lieut-colonel.
49. De Menthon (le comte Réné), à Choisey, près Dôle (Jura).
50. Planchon, E., professeur, à Montpellier.
51. Tavernier, Antoine, de Martigny-Bourg, président du tribunal.

1866.

52. Besse, Pierre, de Bagnes, professeur, chanoine de l'Abbaye de St-Maurice.
53. Blanc, Pierre. chanoine de Bethléem, aumônier des prisons de Genève.
54. Blanchet, Adolphe, de Lausanne, naturaliste.
55. De Cocatrix, Joseph, de St-Maurice, major.
56. Meilland, Pierre, de Liddes, chanoine du St-Bernard.
57. Tornay, Etienne-Louis, d'Orsières, chanoine du St-Bernard.
58. Wolf, Ferdinand, professeur, à Sion.

1867.

59. Kœrner, Armand, pharmacien, à Aigle.
60. Beck, chanoine, desservant à Aigle.
61. Paccolat, chanoine, curé à Vollège.
62. Deferr, chanoine, chapelain à Bagnes.
63. Besse, Camille, étudiant, de Bagnes.

MEMBRES HONORAIRES.

1861.

1. Blanchet, Rodolphe, ancien président de l'instruction publique, de Lausanne.

2. Less, Edwin, Esq. of. Worcester.
3. Lovey, Jean-Pierre, chanoine du St-Bernard.
4. Thompson, Joseph Henri, vicar of. Cradley.
5. Viridet, Marc-David, de Genève.

1862.

6. Boissier, Edmond, naturaliste, à Genève.
7. Darbellay, Jean-Baptiste, chanoine, curé de Vouvry
8. Favral, Louis, instituteur, à la Chaux-de-Fonds.
9. Huet du Pavillon, A., à Genève.
10. Métroz, Etienne-Martin, chanoine du St-Bernard.
11. Moniez, professeur, à Louhans (France).
12. De Notaris, professeur, à Gènes.
13. De Parlatore, Philippe, professeur, à Florence.
14. Paxton, Joseph, à Londres.
15. Reuter, Guillaume, conservateur du Jardin botaniq à Genève.
16. Schultleworth, R. Esq., à Berne.
17. Baglietto, Francesco, de Gènes.
18. De Candolle, Alphonse, naturaliste, à Genève.
19. Cavin, Charles, professeur, à Vevey.
20. Fauconnet, Docteur-médecin, à Genève.
21. Gal, J.-Antoine, président de la collégiale de d'Aost
22. Luder, Antoine, président du Conseil d'Etat du V. lais, de Sembrancher.
23. Passerini, Jean, directeur du jardin botanique Genève.
24. Rapin, D., naturaliste, à Genève.

1863.

25. Billiet, S. Em. Mgr Alexis, cardinal, archevêque Chambéry.
26. De Montheys, Ferdinand, avocat, à Sion.

1864.

27. Conches, Docteur-médecin, à Lyon.
28. Dellion, le rév. gardien Apollinaire St-Maurice.

29. King, le rév. L. W., chanoine de Worcester (Angleterre).
30. De la Fléchère, Mme la comtesse Anna, à Lyon.
31. Mantellier, Jean-Philippe, conseiller de la cour impériale d'Orléans.
32. Sharman, John Henry, Esq., à Montreux.
33. Sottizon, propriétaire à Trevaux (Ain).
34. Tavernier, Charles, pharmacien, à Sion.

1865.

35. Glenny, Georges, F. H. L., à Londres
36. Groves, Henry, M. P. S., Anglais, à Florence.

1866.

37. Blanc, Mlle Susanne, à Carouge.
38. Blanche, Henri naturaliste, à Dôle (Jura).
39. Chamousset, le chanoine François, secrétaire de l'Académie des Sciences, à Annecy.
40. Chevailler, l'abbé Etienne, professeur, à Annecy.
41. Kiener, intendant du château de Coppet.
42. Moret-Fatio, Arnold, numismate, à Lausanne et à Paris.
43. Payot, Venance, naturaliste, à Chamounix.
44. Puget, l'abbé au château de Montoz, sur Pringy, près Annecy.
45. Sevez, Laurent, professeur de chimie, à Chambéry.
46. Tavernier, Antoine, fils, proviseur-pharmacien, à Sion.

1867.

47. M^{r} et Mme Billard-Hoppe, de Bex.
48. Goumand, Augina, pharmacien, à Aranthod (Jura).
49. Brun-Duplan, J., à Vevey.
50. Brousoz, H., avocat, à St-Gingolph.

Nicolet
P des Glaciers
neige rouge

www.ingramcontent.com/pod-product-compliance
Ingram Content Group UK Ltd.
Pitfield, Milton Keynes, MK11 3LW, UK
UKHW012034240726
13965UKWH00002B/794

9 782013 401913